2024

新疆建设工程消防设计、审查、验收常见问题技术解析

新疆建设工程消防协会 ◎ 组织编写

中国建设科技出版社有限责任公司
China Construction Science and Technology Press Co., Ltd.
北 京

图书在版编目（CIP）数据

新疆建设工程消防设计、审查、验收常见问题技术解析/新疆建设工程消防协会组织编写．--北京：中国建设科技出版社有限责任公司，2025.6.（2025.12重印）
-- ISBN 978-7-5160-4535-0

Ⅰ．TU892

中国国家版本馆 CIP 数据核字第 20257P9J68 号

新疆建设工程消防设计、审查、验收常见问题技术解析
XINJIANG JIANSHE GONGCHENG XIAOFANG SHEJI、SHENCHA、YANSHOU CHANGJIAN WENTI JISHU JIEXI
新疆建设工程消防协会 ◎ 组织编写

出版发行：中国建设科技出版社有限责任公司
地　　址：北京市西城区白纸坊东街 2 号院 6 号楼
邮　　编：100054
经　　销：全国各地新华书店
印　　刷：北京雁林吉兆印刷有限公司
开　　本：710mm×1000mm　1/16
印　　张：10.25
字　　数：240 千字
版　　次：2025 年 6 月第 1 版
印　　次：2025 年 12 月第 2 次
定　　价：60.00 元

本社网址：www.jskjcbs.com，微信公众号：zgjskjcbs

本书编委会

主编单位：新疆建设工程消防协会
参编单位：新疆建筑设计研究院股份有限公司
中建新疆建工（集团）有限公司设计分公司
新疆蓝图勘察设计图审查中心
石河子建筑工程设计审查中心
新疆大学
新疆汇众诚安消防科技有限公司
新疆建院消防科技有限公司
新疆昊辰建筑规划设计研究院有限公司
新疆润疆工程设计有限责任公司
新疆合筑营造建筑规划设计有限公司

编写人员（按姓氏汉语拼音字母排序）：

董晓萍　丁星瑶　龚小燕　胡德星　郝俊明　蒋　锐　贾顺宁
姜文龙　姜　伟　李　飞　李　刚　李　磊　廖素均　苗家伟
马媛媛　聂　军　王　黎　王柯全　王　亮　王　超　王　军
徐海华　徐　凤　徐淑彬　辛　翔　闫学丽　于纬东　于　龙
俞银庆　杨　栋　杨子超　张　健　张海润　张　锋　庄昌海

审查人员（按姓氏汉语拼音字母排序）：

郭晓岩　侯荣军　黄晓家　刘文利　李　疆　钮祥军　王　炯
王绍瑞　薛绍睿　张洪洲

前　言

近年来，《建筑防火通用规范》GB 55037—2022、《消防设施通用规范》GB 55036—2022、《建筑设计防火规范》GB 50016—2014（2018年版）、《消防给水及消火栓系统技术规范》GB 50974—2014、《火灾自动报警系统设计规范》GB 50116—2013、《自动喷水灭火系统设计规范》GB 50084—2017、《建筑防烟排烟系统技术标准》GB 51251—2017等多部国家工程建设消防技术标准相继修订、发布执行，但有的消防设计单位、施工图审查机构、施工单位、工程验收部门等在执行过程中还存在一些盲点、疑点和难点。为解决此类问题，进一步提升建设工程消防设计、施工、验收质量，受新疆维吾尔自治区住房和城乡建设厅委托，由新疆建设工程消防协会牵头组织编制《新疆建设工程消防设计、审查、验收常见问题技术解析》（以下简称《解析》），针对现行消防技术标准规范做了进一步明确，对行业关注的问题进行了解答，对实际执行过程中遇到但规范未涉及的情况进行了补充。

本《解析》在编制过程中遵循严格执行国家技术标准强制性条文、不违反国家技术标准带有“严禁”“必须”“应”“不应”“不得”要求的非强制性条文、保证建筑消防安全的编写原则，同时参考了国内其他省份的同类情况，结合新疆维吾尔自治区以及新疆生产建设兵团执行中的反馈意见，并向重点行业、单位和社会公开征求意见，吸收完善补充后编制而成。国家和自治区标准图集中的具体做法可作为消防设计参考，不作为审查、验收的依据，消防设计审查、验收应以国家和自治区现行的消防技术规范标准为准。

本《解析》按照专业类别编制，共分为五章，主要内容包括：第1章，建筑防火；第2章，结构防火；第3章，消防给水及消防设施；第4章，供暖、通风和空气调节；第5章，电气防火。

本《解析》适用于新建、扩建、改建（含室内外装饰装修、建筑保温、用途变更）的建设工程。不适用于甲、乙、丙类液体储罐（区）；可燃、助燃气体储罐（区）；可燃材料堆场；城市交通隧道；历史文化街区、历史建筑、文物建筑、临时建筑；村民自建房和住宅建筑户内装修工程。

本《解析》还将及时对防火设计、验收等工作实践中相对集中、共性的盲点、疑点和难点问题进行梳理，定期更新。对于新出台实施的国家工程建设消防技术标准和自治区建设工程地方标准，已明确规定的内容，从其规定。

本《解析》在编写过程中，得到了相关国家标准和自治区地方标准编写主要起草人刘文利（建筑）、钮祥军（结构）、黄晓家（给排水）、王炯（暖通）、郭晓岩（电气）等专家的帮助支持和精心指导，对问题的答复逐条进行了审查，在此表示衷心的感谢！

本《解析》由编委会负责具体技术内容的解释。由于时间仓促，书中疏漏在所难免，如有意见和建议，请及时反馈给编委会（地址：乌鲁木齐市光明路121号建设广场写字楼1210室，邮政编码：830002，邮箱：xjjsgcxfxh@163.com，电话：0991-8806119）。

新疆建设工程消防协会

2025.5

目　录

第 1 章　建筑防火 …… 1

1.1　总平面布局和平面布置 …… 1
1.2　防火分隔和建筑构造 …… 17
1.3　安全疏散和避难 …… 28
1.4　灭火救援设施 …… 36
1.5　建筑保温和装饰装修 …… 42
1.6　其他类 …… 43
1.7　相关术语 …… 46

第 2 章　结构防火 …… 49

2.1　结构构件耐火极限 …… 49
2.2　结构构件防火处理 …… 51

第 3 章　消防给水及消防设施 …… 53

3.1　消防给水及消火栓系统 …… 53
3.2　自动喷水灭火系统 …… 100
3.3　水喷雾、细水雾灭火系统 …… 117
3.4　泡沫灭火系统 …… 118
3.5　自动跟踪定位射流和固定消防炮灭火系统 …… 118
3.6　气体灭火系统 …… 120
3.7　建筑灭火器 …… 122

第 4 章　供暖、通风和空气调节 …… 125

4.1　防烟设施 …… 125
4.2　排烟设施 …… 128
4.3　通风空调系统 …… 141

第 5 章　电气防火 ······ 142

5.1　消防供配电设施 ······ 142
5.2　火灾自动报警系统 ······ 146
5.3　消防应急照明及疏散指示系统 ······ 150

第 1 章　建筑防火

1.1　总平面布局和平面布置

问题 1：

建筑屋面或地下室顶板上开设的洞口（消防排烟口、采光、通风口等）与高出屋面的建筑或高层公共建筑之间是否有距离要求？

答：1）消防排烟口、通风口等背向建筑物时，距离不限（见图 1.1.1-1）。

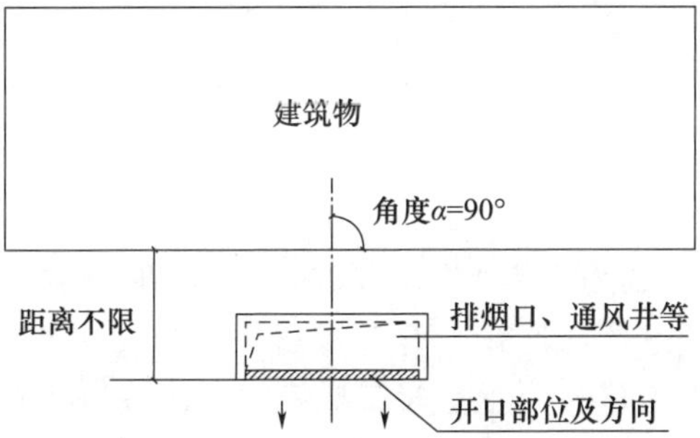

图 1.1.1-1

2）在同一栋民用建筑中，较低部分的屋顶采光、通风口等开口与建筑较高的部分的间距应满足防止火势通过开口蔓延的要求，并可以按照以下原则确定相应的间距。

（1）中庭采光天窗的耐火极限不低于 1.0h 时，与同一建筑的其他部位或构件之间的间距没有要求（见图 1.1.1-2）。

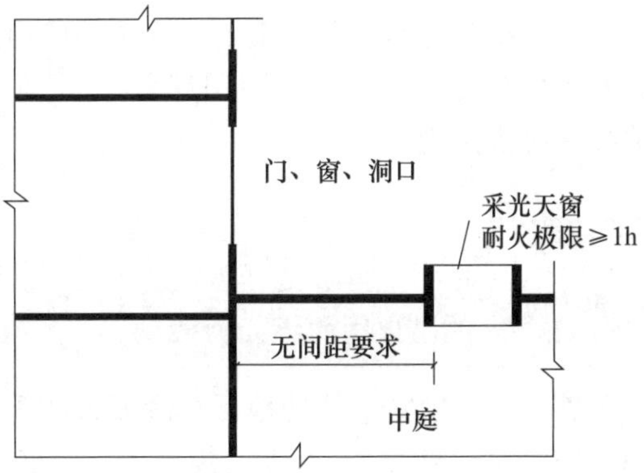

图 1.1.1-2

（2）当较低部分的中庭采光天窗的耐火极限不满足 1.0h，且所在区域与建筑的较高部分处于不同的防火分隔区域时，应考虑一定的防火间距，并可以参考《建筑设计防火规范》GB 50016—2014（2018 年版）第 5.2.2 条第 1 款的规定，按照不小于 6m 确定。

（3）当屋面开口部位所在区域与建筑的较高部分处于同一个防火分隔区域时，防火间距可以不要求。

（4）当屋面开口部位相邻的建筑外墙上的门、窗洞口部位采取乙级防火门（$FM_{乙}$）、窗（$FC_{乙}$）等防火保护措施时，防火间距可以不限制（见图 1.1.1-3）。

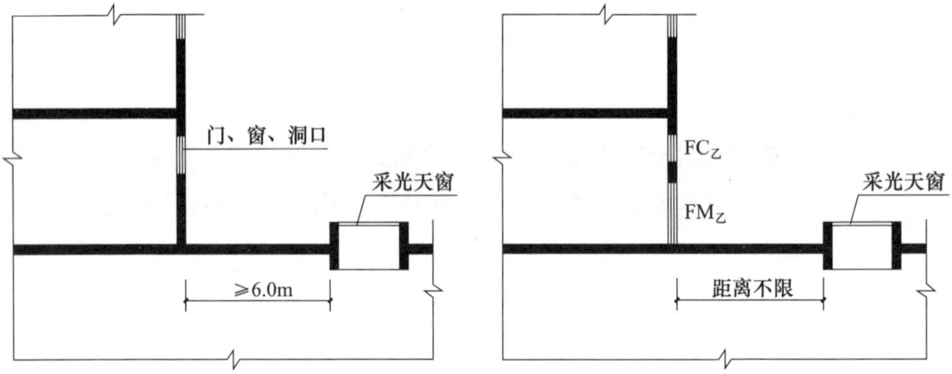

图 1.1.1-3

问题 2：

《建筑防火通用规范》GB 55037—2022 第 3.4.1 条“工业与民用建筑周围、工厂厂区内、仓库库区内、城市轨道交通的车辆基地内、其他地下工程的地面出入口附近，均应设置可通行消防车并与外部公路或街道连通的道路。”是否要求各类建筑在建筑周围均要设置可通达的消防车道？消防车道布置要求需满足《建筑防火通用规范》第 3.4.5 条吗？

答：《建筑防火通用规范》GB 55037—2022 第 3.4.1 条要求是在区域内要设置至少一条与外部公路或街道连通可达的道路。该道路可通行消防车，车道的具体要求应符合《建筑防火通用规范》GB 55037—2022 第 3.4.5 条和现行国家相关技术标准的规定。

问题 3：

地下车库坡道车辆、人员、人防等地下建筑各类出入口与地上建筑的防火间距该如何控制？

答：（1）独立建造的地下车库或人防等地下建筑，地面出入口与相邻建筑的距离应满足《建筑设计防火规范》GB 50016—2014（2018 年版）第 5.2.2 条要求。

（2）与地上建筑组合建造的地下车库或人防等地下建筑，与地上建筑分属不同防火分区，通向地面的楼梯间在地下部分设置乙级防火门时，出地面部分与地上建筑无须考虑防火间距。

（3）当地上建筑组合建造的地下汽车库、非机动车库坡道出入口处采取有效防火措施（如设置特级防火卷帘）时，坡道出入口与上部建筑物的距离可不限。

问题 4：共用一道防火墙的建筑是否可视为两栋独立的建筑？

答：共用一道防火墙的建筑不能视为两栋独立的建筑，当两栋建筑互不相通时（结构体系、设备体系、消防疏散亦各自独立）定义为两栋贴邻的建筑。共用一道防火墙不属于两栋独立建筑，应视为一栋建筑的不同防火分区。

问题 5：当两栋建筑成一定角度贴邻布置时（外墙夹角≥180°、≤90°、90°～180°），防火间距如何确定？

答：当两栋建筑贴临建设时，两座相邻的公共建筑外墙夹角与紧靠邻接外墙两侧的门、窗、洞口最近边缘之间的防火间距应满足表 1.1.5 的要求：

表 1.1.5　两座相邻的公共建筑外墙夹角

	外墙夹角角度	紧靠邻接外墙两侧的门、窗、洞口最近边缘之间的防火间距
两座相邻的公共建筑	外墙夹角≥180°时	水平距离应不小于 2m（图 1.1.5-1）
	180°＞外墙夹角＞90°时	水平距离应不小于 4m（图 1.1.5-1）
	外墙夹角≤90°时	水平距离不应小于相应的防火间距要求（图 1.1.5-2）

注：1. 当上述两侧门窗中，其中一侧采用乙级防火门窗时（固定或火灾时可自行关闭的乙级防火窗），间距不限。（图 1.1.5-2）。

2. 若为一个建筑内的两个贴临防火分区，应依据《建筑设计防火规范》GB 50016—2014（2018 年版）第 6.1.3 条、第 6.1.4 条执行。

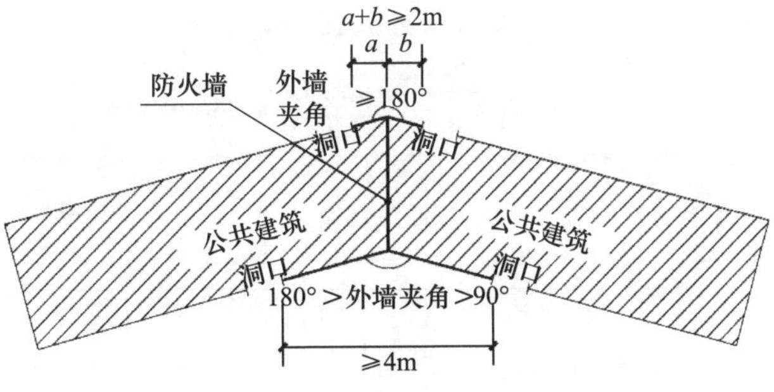

图 1.1.5-1

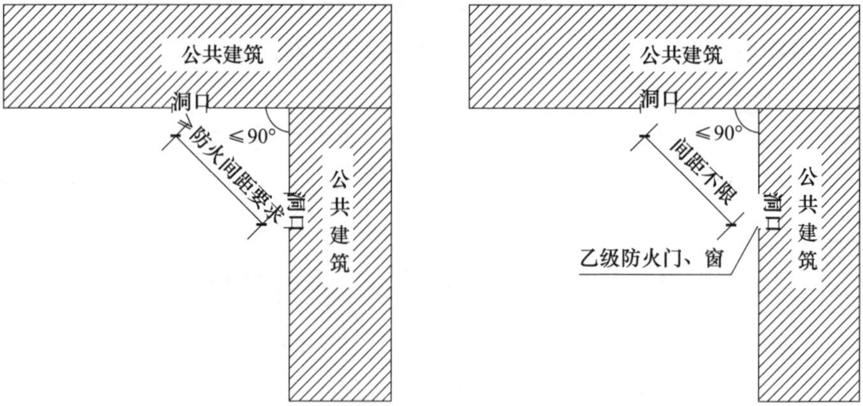

图 1.1.5-2

问题 6：

当建筑之间局部防火间距不满足时，如图 1.1.6，新建住宅小区内配套小商业公建的外墙与高层纯住宅楼局部凸出的楼梯间外墙，两者最近处防火间距为 6.3m<9.0m，高层住宅楼梯间外墙（为防火墙）外窗采取甲级防火窗措施；其他部位防火间距满足高层与多层之间 9.0m 要求。请问：住宅朝向公建全部外窗均设甲级防火窗还是仅距离不满足 9m 的外墙处设置防火窗？

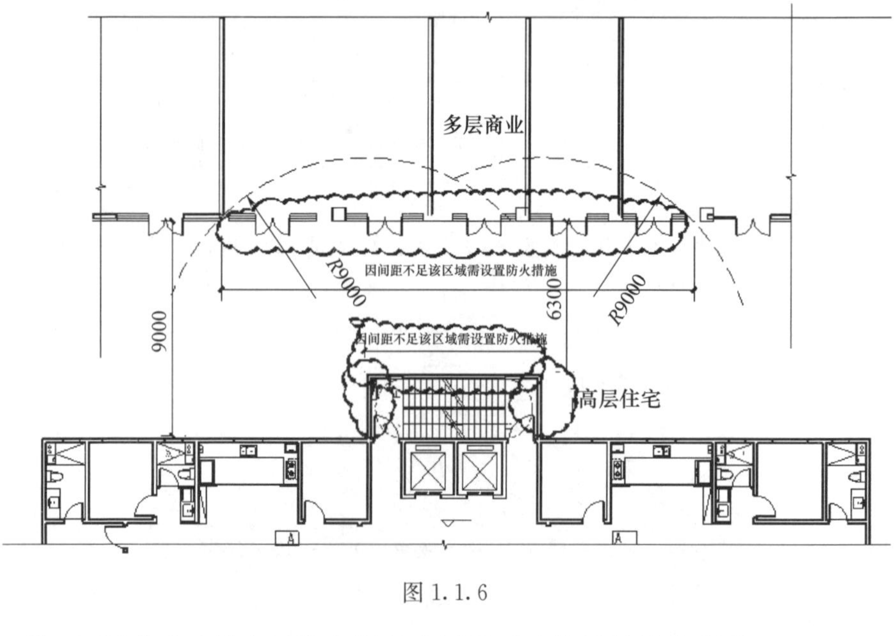

图 1.1.6

答：两栋住宅建筑之间防火距离应满足《建筑设计防火规范》GB 50016—2014（2018 年版）第 5.2.2 条的规定，仅间距不满足的地方需采取设置甲级防火窗的措施，范围如图 1.1.6 所示。

问题 7：与建筑贴邻的地下车库出口，如何采取防火措施？

答：当地下车库坡道与建筑贴邻时（如图 1.1.7），应在进入车库入口处按规范要求设置特级防火卷帘；如坡道有封闭车棚，则坡道内不应设置与车库无关门窗洞口。

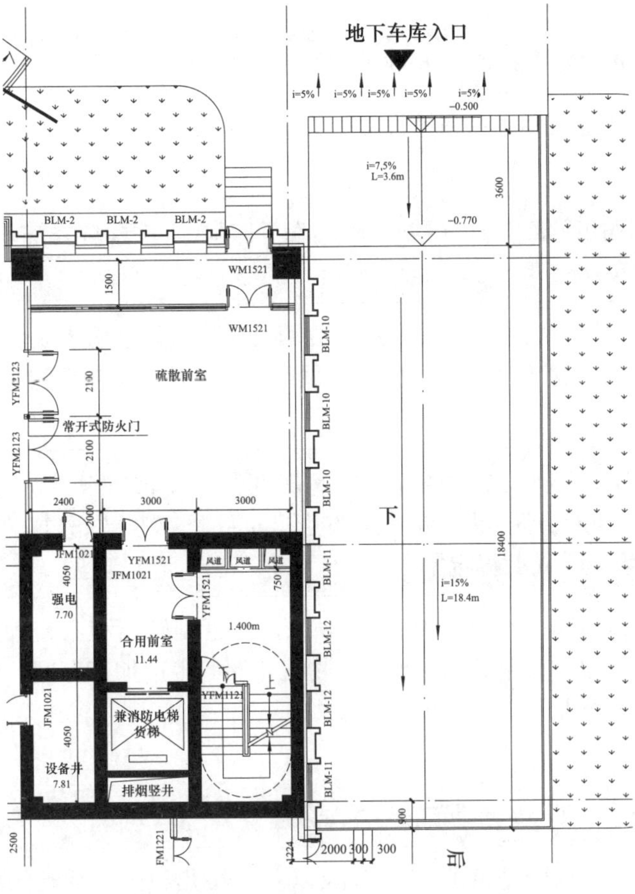

图 1.1.7

问题 8：中庭和高大空间的定义分别是什么？

答：（1）中庭：对边最小净距离不小于 6m，贯通空间的最小投影面积大于 $100m^2$，楼层开口贯通 3 层或 3 层以上的室内空间。

（2）高大空间：除中庭外净高大于 6m 的单一功能室内空间。

问题9：

自动扶梯、敞开楼梯、大堂、门厅等上下层连通开口，当沿楼层开口设置卷帘时，是否应满足《建筑设计防火规范》GB 50016—2014（2018年版）第6.5.3条的长度限制要求？

答：自动扶梯、敞开楼梯、大堂、门厅的上下连通开口处，允许沿楼层开口设置防火卷帘，可参照中庭要求设置。

问题10：

单、多层的售楼部建筑性质是办公还是商业？

答：售楼部是兼具展示和销售功能的商业建筑。

问题11：

民用建筑内附属的地上或地下储藏室是否需要注明火灾危险性等级？

答：民用建筑附属库房（储藏室）应满足《建筑设计防火规范》GB 50016—2014（2018年版）第5.4.2条规定，附属库房无须注明火灾危险性类别。

问题12：

劳动密集型企业的生产加工车间同一时间的生产人数超过30人、100人、200人，单体建筑生产车间员工总数超过1000人的说法，按多少人数界定？

答：同一车间同一时间容纳30人以上，从事制鞋、制衣、玩具、肉食蔬菜水果果业等食品加工、家具木材加工、物流仓储等生产加工车间、经营储存场所视为劳动密集型企业。

问题13：

明确“儿童活动场所”的定义。

答：儿童活动场所是指供12周岁及以下婴幼儿和少儿活动的场所，包括幼儿园、托儿所中供婴幼儿生活和活动的房间，设置在建筑内的儿童游乐厅、儿童乐园、儿童培训班、早教中心、亲子园、午托机构、日托机构、举办儿童特长培训班等类似用途的儿童游乐、学习和培训等活动的场所，不包括小学学校的教室等教学场所。

问题 14：

建筑高度小于 50m 的高层旅馆建筑，按照《旅馆建筑设计规范》JGJ 62—2014 的规定，在不同楼层分别设置有旅馆建筑的客房、旅馆建筑的宴会厅、会议室、多功能厅、健身房、娱乐厅、游泳池等旅馆建筑设施。这些楼层所在建筑高度在 24m 以上、建筑面积大于 1000m²，是否属于规范中提到的“多种功能组合的建筑”，而要判定为一类高层？

答：旅馆建筑设置以上列举的配套设施，满足附属功能使用要求，不属于多种功能组合的建筑。

问题 15：

既有建筑改造中，是否可以利用城市商业用房改造为“民宿”？规模很小建筑改造为民宿或农家乐时，是否属于旅馆及类似功能的建筑范畴？如果按照旅馆建筑的要求，则需要加两部楼梯，还需要封闭楼梯，改造和装修的可行性很小。

答：既有建筑改造时需明确原建筑的性质，当利用城市公共建筑改造为“民宿”时，实际为特色旅馆，不属于《住房城乡建设部 公安部 国家旅游局关于印发农家乐（民宿）建筑防火导则（试行）的通知》（建村〔2017〕50 号）范围，按旅馆进行消防设计。

当利用自建房改造为民宿或农家乐时，其消防设计可以执行《住房城乡建设部 公安部 国家旅游局关于印发农家乐（民宿）建筑防火导则（试行）的通知》（建村〔2017〕50 号）。

问题 16：

带营业大厅的银行办公楼应按办公还是商业建筑进行消防设计？校外培训机构如何进行消防设计？

答：银行为商务金融办公场所，按照办公建筑消防设计。

非全日制的培训学校可不按照学校要求设计。服务人群为 12 周岁及以下的场所按儿童活动场所的要求执行；服务人群为 12 周岁以上的场所按所在建筑属性定性进行消防设计，防火分区按照所属建筑性质相关规定划分。

问题 17：

保龄球馆、台球厅、棒球、蹦床、飞镖、真人 CS、轮滑班、室内电动卡丁车场、桌游餐厅、电竞酒店、健身房、美容院是否按照歌舞娱乐放映游艺场所进行设计？

答：保龄球馆、台球厅、棒球、蹦床、飞镖、真人 CS、轮滑班、室内电动卡丁车场、棋牌室、健身房、活动中心、街道市民之家等文体活动场所及桌游餐厅等属于公共娱乐场所，可不按歌舞娱乐放映游艺场所设计，但与其他功能用房之间应采取如下防火分隔措施：①耐火极限不低于 2.00h 的防火隔墙；②乙级防火门和符合《建筑设计防火规范》GB 50016—2014（2018 年版）第 6.5.3 条规定的防火卷帘；③耐火极限不低于 1.00h 的不燃性楼板。

带有 SPA、汗蒸、足疗功能的美容院按照歌舞娱乐放映游艺场所进行消防设计；有手术治疗功能的美容院按医疗建筑进行消防设计；其他美容院所按商业建筑进行消防设计。

电竞酒店是在既有旅馆建筑的基础上改变使用功能或按照旅馆建筑建造、具有网吧娱乐游艺功能的建筑。这类建筑的火灾危险性与歌舞娱乐放映游艺场所类似，应按照歌舞娱乐放映游艺场所确定其防火设计要求。

人员密集场所的分类可参见表 1.1.17。

表 1.1.17　人员密集场所

<table>
<tr><td rowspan="4">人员密集场所</td><td colspan="4">人员聚集的室内场所，包括公众聚集场所，医院的门诊楼、病房楼，学校的教学楼、图书馆、食堂和集体宿舍，养老院，福利院托儿所，幼儿园，公共图书馆的阅览室，公共展览馆、博物馆的展示厅，劳动密集型企业的生产加工车间和员工集体宿舍，旅游、宗教活动场所等</td></tr>
<tr><td rowspan="3">公众聚集场所</td><td colspan="3">面对公众开放，具有商业经营性质的室内场所，包括宾馆饭店、商场、集贸市场、客运车站候车室、客运码头候船厅民用机场航站楼、体育场馆、会堂以及公共娱乐场所等</td></tr>
<tr><td rowspan="2">公共娱乐场所</td><td colspan="2">具有文化娱乐、健身休闲功能并向公众开放的室内场所，包括影剧院、录像厅、礼堂等演出、放映场所，舞厅、卡拉OK 厅等歌舞娱乐场所，具有娱乐功能的夜总会、音乐茶座、酒吧和餐饮场所，游艺、游乐场所和保龄球馆、旱冰场、桑拿等娱乐、健身、休闲场所和互联网上网服务营业场所</td></tr>
<tr><td>歌舞娱乐放映游艺场所</td><td>根据《建筑设计防火规范》GB 50016—2014（2018 年版）第 5.4.9 条文解释，歌舞娱乐放映游艺场所为歌厅、舞厅、录像厅、夜总会、卡拉 OK 厅和具有卡拉 OK 功能的餐厅或包房、各类游艺厅、桑拿浴室的休息室和具有桑拿服务功能的客房、网吧等场所，不包括电影院和剧场的观众厅。
注：根据《建筑设计防火规范》国家标准管理组回复（建规字〔2019〕1 号）：足疗店消防设计应按歌舞娱乐放映游艺场所处理</td></tr>
</table>

问题 18：

密室逃脱、剧本杀、音乐餐吧，具有演艺功能的宴会厅、汗蒸房、足疗店是否按照歌舞娱乐放映游艺场所进行设计？

答：(1) 密室逃生、剧本杀等特定场所的消防设计应符合《国家消防救援局 文化和旅游部关于印发剧本娱乐经营场所消防安全指南（试行）的通知》（消防〔2023〕26 号）的有关要求；同时应按照歌舞娱乐放映游艺场所进行防火设计。

(2) 音乐餐吧、具有演艺功能的宴会厅属于具有卡拉 OK 功能的餐厅，属于歌舞娱乐放映游艺场所。

(3) 汗蒸房、足疗店应按照歌舞娱乐放映游艺场所进行消防设计。其中汗蒸房应满足《汗蒸房消防安全整治要求》（公消〔2017〕83 号）的要求。

问题 19：

网络直播间、直播基地、私人影院等室内场馆等是否按《建筑设计防火规范》GB 50016—2014（2018 年版）第 5.4.9 条进行设计？

答：网络直播间空间与办公空间类似，按办公建筑进行消防设计；直播基地一般复合了网络直播间、办公、商品集中展示区域、库房等多种功能，情况较为复杂，其中商品集中展示区域应按“展览厅”开展防火设计，其他按照实际功能进行设计。

私人影院与传统影院相比，具有单厅面积小、布局简单等特点，可以按照一般公共娱乐场所进行设计；含卡拉 OK 功能的私人影院，按照歌舞娱乐放映游艺场所进行消防设计。

问题 20：

不同场所设置的医疗场所如体检中心、医疗美容、康复中心、月子中心、医养场所等应按照什么标准执行？

答：体检中心按商业进行消防设计；无手术或治疗功能的康复中心按商业进行消防设计；有手术或治疗功能的综合医院、专业医院（如牙科、眼科等）、社区医疗服务中心、医疗美容、康复中心执行《建筑设计防火规范》GB 50016—2014（2018 版）中的医疗建筑相关规定。

无手术或治疗功能的休养性质的月子护理中心，应按照旅馆建筑的要求进行消防设计，疏散距离按医疗建筑的病房部分要求执行。有手术治疗功能的月子会所（护理中心）参照病房楼要求进行防火设计。

医养场所一般是将医疗、养生保健专业与照料、生活、活动等功能相融合的老年服务设施，按老年人照料设施进行消防设计。

问题 21：

单独建造或与维修车间贴临建造的 4S 展厅，当采取完全防火分隔措施后，其定性是按“商店建筑”还是“车库”。若其中布置局部二层办公区，是否要采取防火分隔措施。

答：汽车4S店整体应按照公共建筑设计，车辆销售、维修和停放区等可组合或贴邻建造，但应符合以下规定：

（1）汽车4S店整体按公共建筑进行防火设计。汽车销售、维修及停车等各功能区之间均应单独划分防火分区。采用防火墙和甲级防火门进行防火分隔，不得采用防火卷帘代替。

（2）汽车销售区可按大开间商业进行设计，汽车维修区和停车区应分别按《汽车库、修车库、停车场设计防火规范》GB 50067—2014中有关修车库和汽车库的规定设计。

（3）汽车销售区、维修区和停车区的安全出口应分别独立设置。

问题22：

地下两个相邻防火分区（如图1.1.22），建筑面积均小于1000m²，每个防火分区仅设置一部疏散楼梯，总的疏散宽度满足《建筑设计防火规范》GB 50016—2014（2018年版）第5.5.9条要求。当所有安全出口全部直通室外确有困难时，是否可以互相借用，利用通向相邻防火分区的甲级防火门作为安全出口？

答：除地下车库外，其他地下建筑可以相互借用，如图1.1.22所示的住宅地下室。

当地下建筑平面上有2个或2个以上小于1000m²防火分区相邻布置时，每个防火分区可利用防火墙上1个通向相邻分区的防火门作为第二安全出口，但必须有1个直通室外的安全出口，总疏散宽度应符合要求。

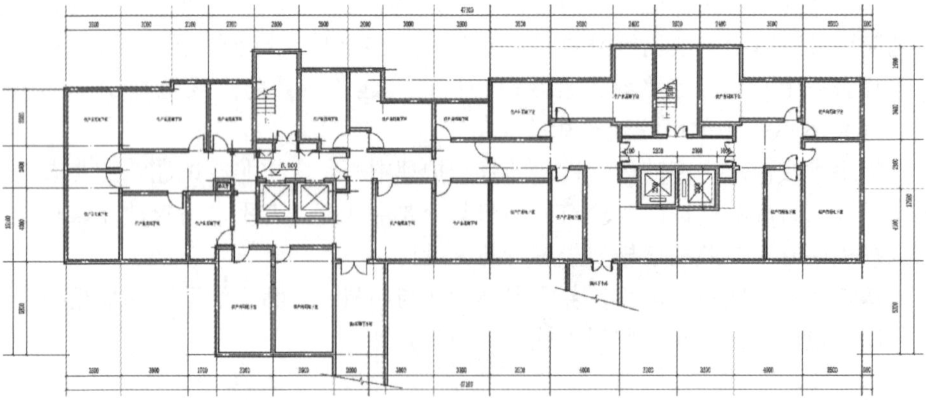

图1.1.22

问题23:

目前针对农业设施项目，国家有《农业温室结构荷载规范》GB/T 51183—2016、《种植塑料大棚工程技术规范》GB/T 51057—2015等规范，但没有关于其消防疏散方面的规范，《农村防火规范》GB 50039—2010也没有关于大棚消防疏散方面的内容，果蔬塑料大棚、花卉温室大棚、养殖类建筑等类型建筑消防设计应执行什么防火设计标准?

答：当温室大棚的使用功能不存在经营、娱乐、餐饮等相关内容时，仅生产、种植功能的大棚可参照丁、戊类厂房。

问题24:

单层厂房内设置夹层，整栋建筑按单层还是多层定性?夹层面积有没有限制?

答：应视夹层区域的功能而定，如果夹层区域为生产车间，则该建筑定性为多层厂房；如果夹层区域为厂房（甲、乙类厂房除外）必要的辅助生产用房，如办公、监控、质检、检修平台等，且夹层的建筑面积小于规范要求的一个防火分区限制面积的30%时，夹层可不计入建筑层数。当超过规范要求的一个防火分区限制面积的30%时，应计入层数。

问题25:

办公室、休息室设置在丙类厂房内，有无最大限制总面积要求?

答：针对丙类厂房附属的办公室、休息室，规范无面积要求，有防火分隔及疏散出口的要求，满足规范要求即可。

问题26:

办公室、休息室设置在丁类厂房内，有什么特殊要求?

答：针对丁类厂房附属的办公室、休息室（非休闲区）执行《建筑设计防火规范》GB 50016—2014（2018年版）第1.0.4条，进行防火分隔。

问题27:

《冷库设计标准》GB 50072—2021第4.2.3条“冷藏间与穿堂或封闭站台之间的隔墙应为防火隔墙，且防火隔墙的耐火极限不应低于3.00h。”以及国标图集《建筑设计防火规范（图示）》18J811-1第3～40页“3.8.2图示2”中疏散走道区域以及冷库中穿堂或封闭站台区域，见图1.1.27，是否属于不用划分“防火分区”的区域（同“地下车库的坡道区域”或“建筑敞开式的外廊区域”相似）?应该如何处理?

答：穿堂为冷藏间、冰库、冷却间、冻结间进出货物而设置的通道，封闭站台为库房直接与外部相连、有外部车辆装卸口的非敞开式站台或穿堂。穿堂或封闭站台属于有使用功能的空间，并非单一功能的疏散走道，需执行《冷库设计标准》GB 50072—2021，不适用于《建筑设计防火规范》GB 50016—2014（2018年版）第 3.8.2 条。

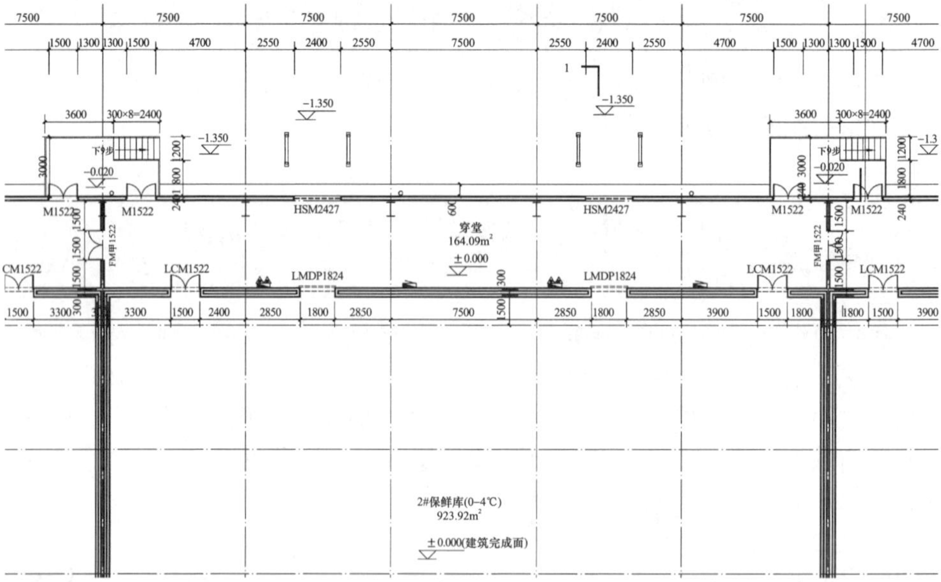

图 1.1.27

问题 28：

二层联排商铺每套商铺二层建筑面积之和小于 300m²（标准层面积 1000m² 以上），最远点疏散距离不大于 22m（楼梯段按 1.5 系数），每套商铺每层建筑面积均小于 200m²（联排商铺隔墙均为防火墙），可否每套商铺仅设置一部封闭楼梯间，楼梯净宽是否应大于 1.4m？可否按照夹层处理，只设置开敞楼梯，只控制疏散距离？当联排商铺为 3 层或以上时如何执行？

另外在《建筑防火通用规范》GB 55037—2022 第 4.3.2 条中，住宅与商业合建时可以按照住宅建筑的防火要求设计，那么独立建造的两层小型公共建筑，功能均为分割独立上下二层小商铺，一至二层建筑面积未超 300m²，是否可按照服务网点设置？是否可以按照住宅底部的商业服务网点的防火要求设计，并不用单独设置封闭楼梯间？

答：当一、二级耐火等级的联排商铺为 3 层时，每套商铺安全出口设置应执行《建筑设计防火规范》GB 50016—2014（2018 年版）第 5.5.8 条，即每层建筑面积均小于 200m²，二、三层使用人数不超过 50 人，每套商铺可设置一部封闭楼梯间，楼梯净宽应大于 1.4m。当按规范不需设置自动喷水灭火系统时，该场所宜增设自动喷水灭火系统。

下列场所可参照商业服务网点的要求进行设计，设置在非住宅建筑底部的商店参照住宅建筑底部的商业服务网点的要求执行时，其消防设施仍应按整体建筑的要求进行设计：

(1) 独立建造不超过 2 层、布局符合商业服务网点要求、单栋建筑总面积不超过 2500m^2 的商店建筑，可参照住宅建筑底部的商业服务网点的要求执行。疏散楼梯可采用开敞楼梯间，楼梯净宽度不应小于 1.2m，疏散距离、消防设施符合商业建筑相关要求。

(2) 设置在非住宅建筑首层及二层的全部商店符合商业服务网点要求，可以参照住宅建筑底部的商业服务网点的要求执行。

(3) 设置在非住宅建筑首层及二层的部分商店，符合商业服务网点要求且与首层、二层其他功能之间采用不开设门窗洞口的防火墙分隔的商店，可以参照住宅建筑底部的商业服务网点的要求执行。

问题 29：

商业服务网点作为一种特殊的商业活动场所，允许哪些使用用途？如物业管理、社区办公、修脚店、照相馆、成人培训机构、中介机构等可否设置在商业服务网点内？

答：位于住宅底部且建筑面积小于 300m^2 的物业管理、社区办公、修脚店（无桑拿浴室类似功能）、照相馆、成人培训机构、中介机构等功能可设置在商业服务网点内，但其安全疏散、防火分隔、消防设施等应按《建筑设计防火规范》GB 50016—2014（2018 年版）等标准的要求设计。

问题 30：

学校建筑中在利用地下部分做体育活动场地（风雨操场）时，防火分区面积能否扩大？

答：学校建筑中设置在地下室或半地下室无观众席的风雨操场，当采用不燃材料装修、设置火灾报警、自动灭火及防排烟设施时，防火分区最大允许面积为 2000m^2。地下室或半地下室无观众席的风雨操场宜设置下沉广场，具备水平疏散和自然通风条件。

问题 31：

一栋二类高层建筑由大于 32m 的高层塔楼、大于 24m 且小于 32m 的高层塔楼及大底盘裙房组成，以上区域之间设置开有甲级防火门的防火墙进行分隔，请问每个区域能否按照各自的建筑高度确定疏散楼梯形式？

答：当上述区域各自疏散独立，防火门仅作为功能联通，区域之间采用设置开有常开式甲级防火门的防火墙进行分隔时，每个区域可以按照各自的建筑高度确定疏散楼梯形式。

问题 32：

商业建筑，除商业外还有培训、餐饮、洗浴等多种功能，两种功能为一个防火分区，不同功能之间相对独立，能否同层共用疏散楼梯？以上功能如果设置在不同楼层，楼梯能否共用？

答：培训、餐饮、洗浴、歌舞娱乐场所、电影院等功能属于不同的商业业态，可以共用疏散楼梯，但影院应至少设置 1 个独立的安全出口和疏散楼梯。

高层建筑内设置有儿童活动场所时，应设置独立安全出口和疏散楼梯，不能与其他功能共用。

问题 33：

《建筑防火通用规范》GB 55037—2022 第 4.3.12 条“建筑内使用天然气的部位应便于通风和防爆泄压”，问：民用建筑内的公共厨房具备什么条件才能满足便于通风和防爆泄压要求？是否意味着公建厨房就不能在建筑的内区设置？

答：公共建筑中使用燃气的部位均要尽量靠建筑的外墙布置，使其具有可开启的外窗，具有良好的直接自然通风条件。当燃具设置在地下室、半地下室（液化石油气除外）和地上无自然通风房间等场所，应设置机械通风设施，设计独立的事故排风设计，通风量应符合《民用建筑设计统一标准》GB 50352—2019 的相关要求。

住宅内家用燃气灶应安装在自然通风和自然采光的厨房内。

问题 34：

《建筑防火通用规范》GB 55037—2022 第 4.1.4 条“燃油或燃气锅炉房、可燃油油浸变压器室、充有可燃油的高压电容器和多油开关、柴油发电机房等独立建造的设备用房与民用建筑贴邻时，应采用防火墙分隔，且不应贴邻建筑中人员密集的场所。上述设备用房附设在建筑内时，应符合下列规定：当位于人员密集的场所的上一层、下一层或贴邻时，应采取防止设备用房的爆炸作用危及上一层、下一层或相邻场所的措施”而在起草说明中表述为“当受条件限制须布置在建筑内时，应按本条要求采取相应的防火措施，且不允许设置在建筑中人员密集的场所的上面、下面或贴临”。请问是允许采取措施布置在上一层、下一层或贴邻，还是不允许设置在上一层、下一层或贴邻？

答：采取能够有效防止设备用房的爆炸作用危及上一层、下一层或相邻场所的措施时，可以布置在人员密集的场所的上一层、下一层或贴邻。

问题 35：

地下二层车库内常设置许多独立的储藏室，该储藏室是否按丙类库房执行防火要求，划分防火分区？是否可按照车库内的普通工具间与车库统一划分防火分区？

答：汽车库内不应设置储藏室，如需设置应单独划分防火分区，执行《建筑设计防火规范》GB 50016—2014（2018 年版）第 5.3.1 条。

问题 36：

《建筑设计防火规范》GB 50016—2014（2018 年版）第 8.2.1 条第 3 款的老年人照料设施所指范围是否包含老年人活动场所、附带的老年人医疗保养场所、不完全封闭的老年人活动和健身场地？

答：根据《老年人照料设施建筑设计标准》JGJ 450—2018，老年人照料设施是指：床位总数（可容纳老年人总数）大于或等于 20 床（人），为老年人提供集中照料服务的公共建筑（包括老年人全日照料设施和老年人日间照料设施）。其他老年人活动设施，如老年大学、老年活动中心等不属于老年人照料设施。具体分类详见图 1.1.36。

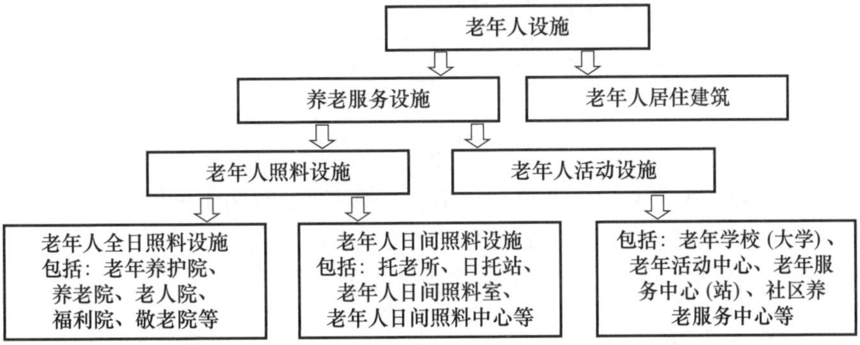

图 1.1.36

问题 37：

综合医院中各类功能建筑应分别按照什么规范进行消防设计？

答：综合医院中急诊部、门诊部、住院部、医技科室、康复中心等按照医疗建筑相关要求进行消防设计；医院内保障系统、行政管理和院内生活用房、预防保健用房、科研用房教学用房等按照相应功能的防火规范进行消防设计。

问题 38：

如图 1.1.38 所示的住宅户型平面是否可行，是否满足《建筑设计防火规范》GB 50016—2014（2018 年版）第 5.5.28 条条文说明中“进入前室的入口位于不同的方向”？位于不同方向的住宅户数每侧可以做到几户？

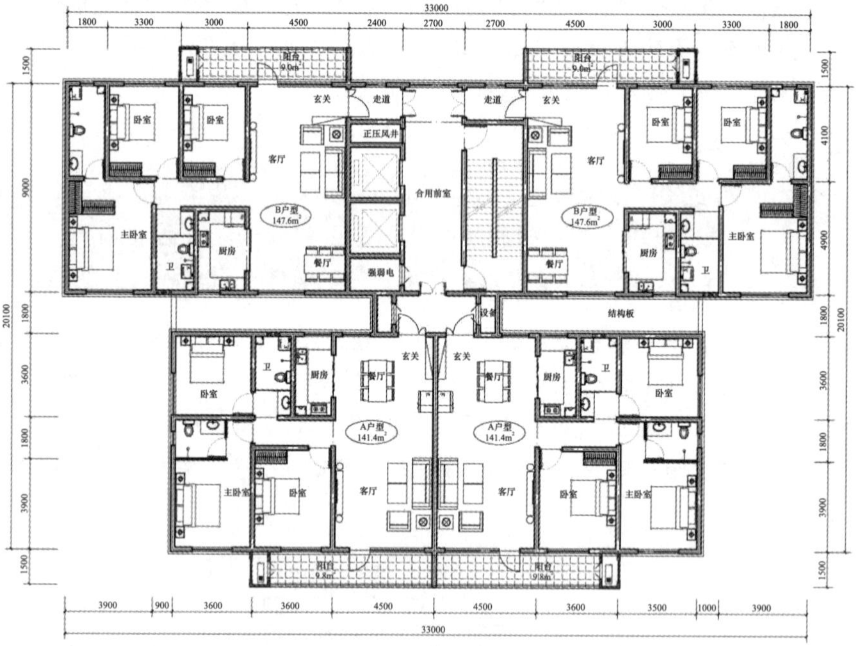

图 1.1.38

答：图 1.1.38 户型符合规范进入前室的入口位于不同方向的要求。位于不同方向的住宅户数可以按照单侧 3 户，两侧 6 户来控制。

合用前室内两个疏散门之间的水平距离应大于 5m。

问题 39：

公寓的防火设计能否依据住宅建筑相关要求？

答：公寓建筑属于公共建筑，其防火设计不能执行住宅建筑相关要求。防火设计应符合下列要求：

（1）学生公寓或职工公寓，应按照《宿舍建筑设计规范》JGJ 36—2016 的相关规定执行。

（2）酒店式公寓等与旅馆建筑功能类似，应按照《旅馆建筑设计规范》JGJ 62—2014 的相关规定执行。

（3）公寓式办公楼应按照《办公建筑设计标准》JGJ/T 67—2019 的相关规定执行。

（4）非住宅类老年人公寓等老年人照料设施，按照关于老年人照料设施的相关规范要求执行。

1.2　防火分隔和建筑构造

问题 1：

设备间的防火门是否需要外开？

答：根据《建筑设计防火规范》GB 50016—2014（2018 年版）第 6.4.11 条条文说明及国标图集《建筑设计防火规范（图示）》18J811—1 第 6.2.3 条，见图 1.2.1，可以认为："使用人员较少且人员对环境及门的开启形式熟悉的场所，如民用建筑中的设备机房、内部使用的附属库房（储藏室）等疏散门（包括防火门）的开启方向可以不限。设备管井检修门开启方向不限，其向外开启时可不考虑对疏散走道的影响。"

问题所指设备间的门不属于《建筑防火通用规范》GB 55037—2022 第 7.1.6.4 条规定"其他建筑中使用人数大于 60 人的房间或每樘门的平均疏散人数大于 30 人的房间"，开启方向可以不限。

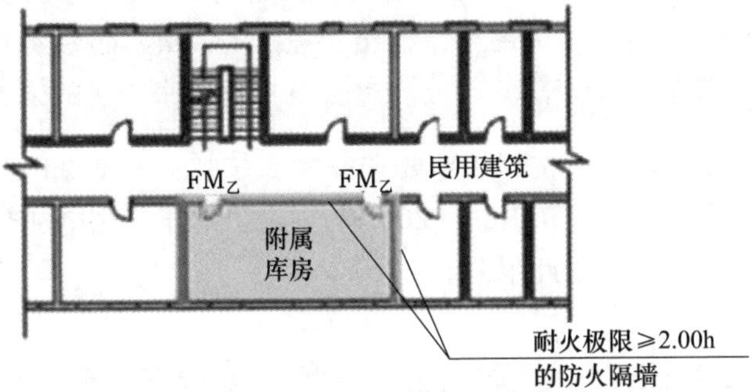

图 1.2.1

问题 2：

设备用房直接开向室外的疏散门，是否有必要设置为防火门？

答：直接开向室外的门可以是普通门（规范、标准中有特别要求的除外）。

问题 3：

《建筑设计防火规范》GB 50016—2014（2018 年版）第 6.2.7 条中"消防控制室和其他设备房开向建筑内的门应采用乙级防火门"，其他设备房指所有设备用房（包括和消防无关的用房）吗？

答：其他设备用房不是指所有设备用房，仅和消防相关的设备用房按照规范要求设置乙级防火门（规范中有特别要求的除外）。

问题 4：

《建筑防火通用规范》GB 55037—2022 第 7.1.4 条第 3 款的“首层疏散外门”如何定性？是否单个小房间的直通室外的门也需满足此要求？

答：《建筑防火通用规范》GB 55037—2022 第 7.1.4 条第 3 款中提到“首层疏散外门”可理解为在首层公共区域直接对外的疏散门。首层单个小房间的疏散门宽度可按照《建筑防火通用规范》GB 55037—2022 第 7.1.4.1 条“疏散出口门……的净宽度均不应小于 0.80m”要求执行。

问题 5：

消防控制室开向建筑内的门，防火规范为乙级防火门，电气设计规范为甲级防火门，应按哪部规范执行？

答：依据《建筑防火通用规范》GB 55037—2022，消防控制室与其他部位分隔的墙体为耐火极限不低于 2.00h 的防火隔墙，防火隔墙上开启的门为乙级防火门。

问题 6：

由于厨房炊具均已明确为电炊具，厨房与餐厅之间设计普通观察大窗口及普通门，审图专家提出：虽然无明火，但是存在大功率电器，仍需按规范设置防火门窗。是否应按照专家提出的依据修改？

答：如为常规厨房，应按照规范要求设置 2.00h 防火隔墙和乙级防火门。但按照《饮食建筑设计标准》JGJ 64—2017 的规定，对于采用电加热的无明火的敞开式、明档类厨房可以不受此限制。

问题 7：

请问餐饮场所厨房使用燃油作为加热方式，是否可以采用明档？燃油罐能否放在厨房内？

答：厨房使用燃油作为加热方式不可以采用明档。当厨房采用燃油作为加热方式，应采用耐火极限不低于 2.00h 防火隔墙与其他部位分隔，隔墙上的门窗应采用乙级防火门、窗。

油罐不能放在厨房内，厨房油罐（柜）总容积不宜大于 $2m^3$，且应直接埋地敷设。靠近厨房一侧外墙为无门窗洞口的防火墙与厨房防火间距不限，与其他建筑的防火间距不应小于 6m。厨房内可设满足当日用油量的高位油槽但最大容积不应超过 200L。高位油槽应设置耐火极限不低于 2.5h 的不燃烧体隔墙和耐火极限不低于 1.0h 的不燃烧体楼板与其他部位隔开的独立隔间内，隔墙上的门应为甲级防火门，在门口处应采取防流散措施，高位油槽通气管应引至室外并安装阻火器。

问题 8：

公共建筑疏散楼梯及安全出口防火门是否能采用子母门？子母门的设置要求有何规定？

答：可以采用子母门，子母门的小扇需满足安装闭门器的要求。

问题 9：

人防门也是钢制门，是否可以作为防火门考虑？

答：依据《建筑防火通用规范》GB 55037—2022 的要求，人防门可以代替甲级防火门，但仅用于平时不使用的防护单元之间的连通口处（位于防火墙上的连通口）。

问题 10：

根据《建筑设计防火规范》GB 50016—2014（2018 年版）第 6.4.1 条，疏散楼梯间应符合下列规定：楼梯间应能天然采光和自然通风，并宜靠外墙设置。靠外墙设置时，楼梯间、前室及合用前室外墙上的窗口与两侧门、窗、洞口最近边缘的水平距离不应小于 1.0m。当前室外窗距外墙门、窗、洞口不足 1m 时，外墙门、窗使用防火门、窗是否能满足要求？当设置防火窗时防火窗的联动应由住宅套内控制还是由公共部分控制？

答：当楼梯间、前室及合用前室外墙上的外窗距两侧门、窗、洞口不足 1m 时，当距离不符合要求时，应采取防止火势通过相邻开口蔓延的措施如采用乙级防火窗。防火窗的联动应由公共部分控制。

问题 11：

公共建筑中，普通电梯能否设置在扩大封闭楼梯间或扩大前室内？

答：普通楼梯间内不能设置电梯，扩大楼梯间内也不例外。设置在扩大前室内的非消防电梯，防火性能不应低于消防电梯的防火性能。

问题 12：

地下部分往地上部分疏散的楼梯间，疏散门开向楼梯间内，疏散门距楼梯踏步距离是否有具体要求？还是只要保证疏散门能完全开启即可？

答：需满足平台宽度，最低要求不小于 600mm。

问题 13:

建筑内设置的不用于人员疏散的钢结构楼梯，是否有耐火极限的要求?

答：非疏散用钢结构楼梯无耐火极限要求。

问题 14:

当防火墙两侧门窗洞口距离不满足规范要求时，能否将防火墙凸出墙体表面？凸出距离是否有要求?

答：《建筑设计防火规范》GB 50016—2014（2018 年版）第 6.2.5 条对住宅建筑类型情况有规定，其他类型建筑可参照执行，防火墙凸出墙体表面不小于 1.0m。

问题 15:

住宅楼单元之间相邻洞口的防火分隔间距是 1m，还是 2m?

答：住宅建筑单元之间防火隔墙两侧洞口间距不应小于 1.0m，如果不满足要求时可采取防止火势通过相邻开口蔓延的措施。

问题 16:

《建筑防火通用规范》GB 55037—2022 第 7.1.8 条第 8 款：疏散楼梯间及其前室上的开口与建筑外墙上的其他相邻开口最近边缘之间的水平距离不应小于 1.0m，此开口是否包括一层疏散楼梯间直通室外的门?

答：包括首层疏散楼梯间直通室外的门（含扩大封闭楼梯间和扩大前室首层直通室外的门）。如果间距不满足要求，可采用设置乙防门（窗）或者突出主体的短隔墙等措施防止火势通过相邻开口蔓延。

问题 17:

关于楼梯间平台下净高度《民用建筑通用规范》GB 55031—2022 按 2m 规定，消防设计中是否按照 2.1m 净高确定，无明确说法。

答：火灾时不作为疏散使用的楼梯，平台下净高度可按 2.0m，作为疏散使用的楼梯平台下净高度需按照 2.1m 设计。

问题 18:

公共建筑首层扩大前室能否设置设备管井检查门?

答：公共建筑首层扩大前室不宜设置管道井检查门，当设置时检查门应采用甲级防火门。

问题 19：

《民用建筑通用规范》GB 55031—2022 第 5.3.3 条：当公共楼梯单侧有扶手时，梯段净宽应按墙体装饰面至扶手中心线的水平距离计算。当公共楼梯两侧有扶手时，梯段净宽应按两侧扶手中心线之间的水平距离计算，《建筑防火通用规范》GB 55037—2022 第 7.1.4 条，疏散楼梯的净宽度按栏杆或扶手内侧计算不一致，请问按照哪一本规范计算楼梯梯段净宽？

答：可依据《民用建筑通用规范》GB 55031—2022 相关要求执行。

问题 20：

住宅建筑两段楼梯间的梯井最小尺寸是否有要求？

答：目前现行国家规范对楼梯间梯井最小尺寸无明确规定，住宅可做无梯井楼梯间。

问题 21：

建筑总层数不超过四层的公共建筑，首层楼梯间不能直接对外时，如何处理？同时有地下楼梯间共用门厅，如何处理？

答：(1) 建筑层数不超过 4 层的公共建筑，当楼梯间在首层直通室外确有困难，按照《建筑设计防火规范》GB 50016—2014（2018 年版）第 5.5.17 条第 2 款规定，可将直通室外的门设置在离楼梯间不大于 15m 处，见图 1.2.21-1。

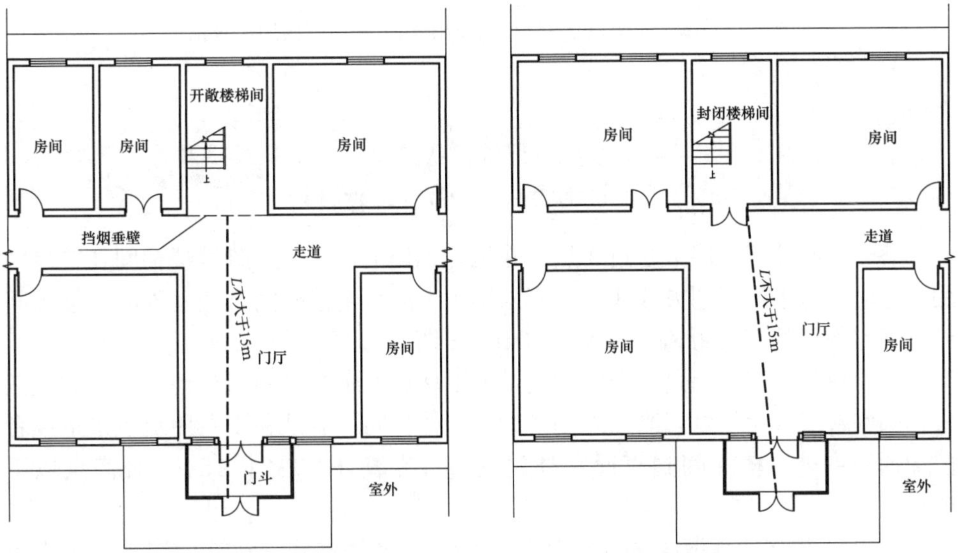

图 1.2.21-1　四层以下公共建筑无共同楼梯间情形

(2) 建筑层数不超过 4 层的公共建筑，当楼梯间在首层直通室外确有困难，地下楼层疏散楼梯间与地上楼层疏散楼梯间共用位置时，在满足上述要求同时，需满足以下条件：

① 地下楼层的疏散楼梯间与地上楼层的疏散楼梯间，在首层采用耐火极限不低于 2.00h 且无开口的防火隔墙分隔。

② 疏散门向走道 90°开启后，不应影响疏散走道计算所需的疏散总净宽度，见图 1.2.21-2。

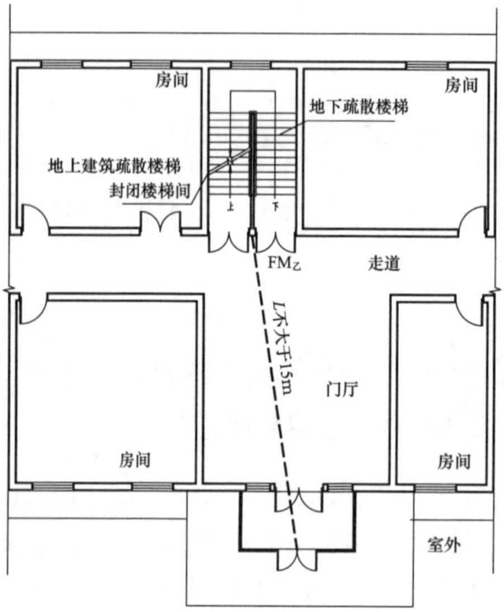

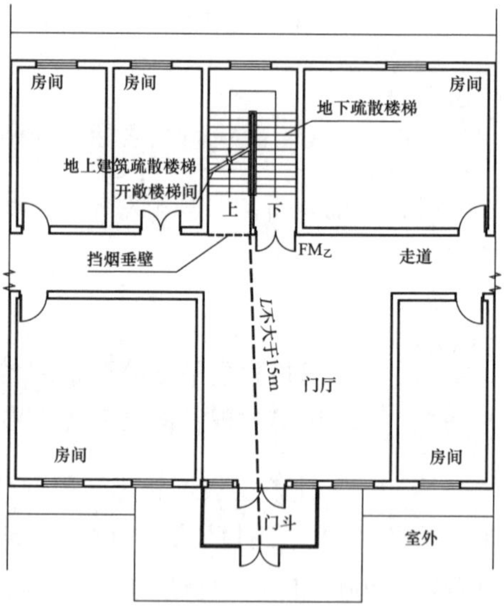

图 1.2.21-2　四层以下公共建筑地上地下楼梯间共用位置情形

问题 22：

当公共建筑总层数超过四层，封闭楼梯间不能直接对外，应如何处理？同时有地下楼梯间共用门厅，如何处理？

答：(1) 建筑总层数超过 4 层的建筑，无地上地下楼层疏散楼梯间在首层共用位置时，可采取下列方式执行：当采用扩大的封闭楼梯间直通室外时，楼梯间到直通室外门的直线距离不应大于 30m，见图 1.2.22-1。

(2) 建筑总层数超过 4 层的建筑，地下楼层的疏散楼梯间与地上楼层的疏散楼梯间在首层共用位置，当未采用扩大封闭楼梯间，而是利用专用疏散走道或者门厅通至室外，楼梯间到直通室外门的直线距离不应大于 15m。且满足以下要求：

① 地下楼层的疏散楼梯间与地上楼层的疏散楼梯间，在首层层采用耐火极限不低于 2.00h 且无开口的防火隔墙分隔；开向共用门厅或走道的门为乙级防

火门。

② 专用疏散走道或门厅的顶棚、墙面、地面装修材料的燃烧性能应为 A 级。

③ 疏散门向走道 90°开启后，不应影响疏散走道净宽。见图 1.2.22-2（b）和（c），（a）不符合规范要求。

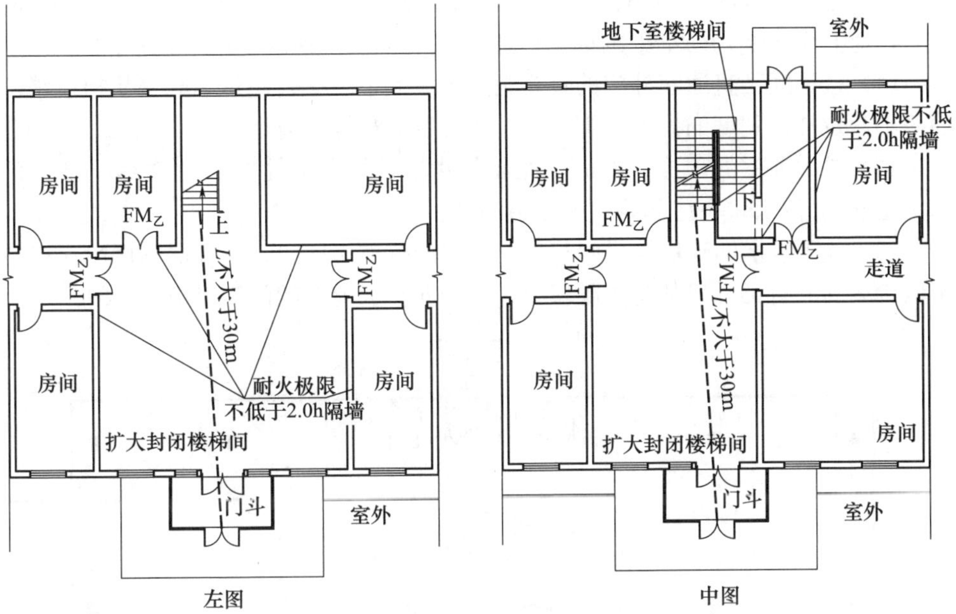

图 1.2.22-1　四层以上公共建筑无共同楼梯间情形

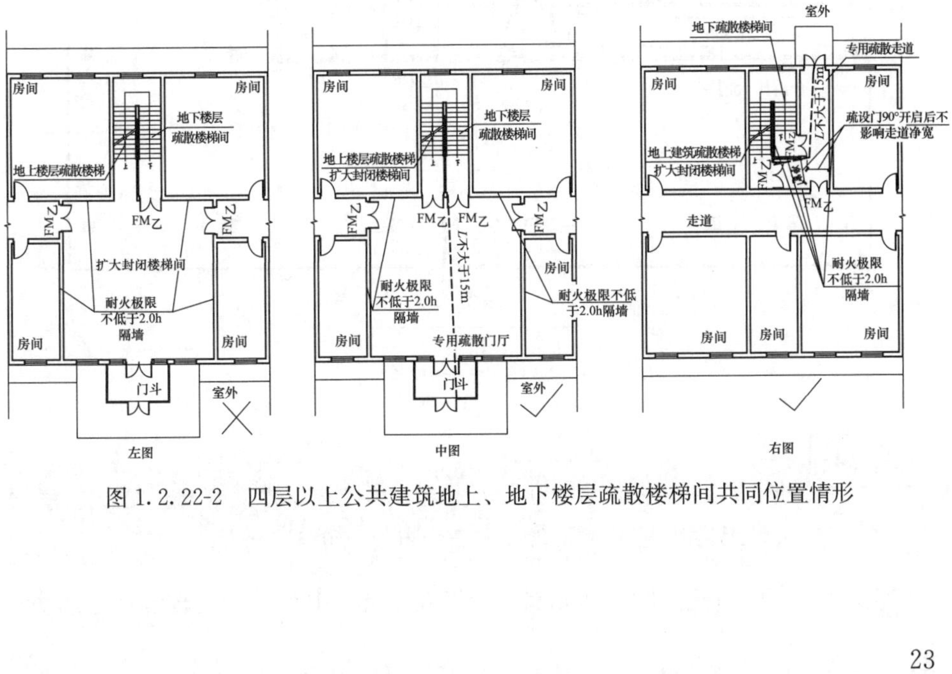

图 1.2.22-2　四层以上公共建筑地上、地下楼层疏散楼梯间共同位置情形

问题 23：

塔式高层公共建筑，楼梯间首层不能直接对外时，如何处理？同时有地下楼梯间共用位置，如何处理？

答：塔式高层公共建筑，楼梯间首层不能直接对外，且地上楼层疏散楼梯间与地下楼层疏散楼梯间共用位置的情形，在满足以下条件时，可采用扩大防烟楼梯间前室，地上地下楼层的疏散楼梯间可通向同一空间，再到达室外，见图 1.2.23。

（1）楼梯间到直通室外门的直线距离不应大于 30m，超过 30m（从梯段踏步前缘不超过梯段宽度的位置起算）时，应设置避难走道通至室外。

（2）扩大前室的顶棚、墙面、地面装修材料的燃烧性能应为 A 级。疏散门向走道 90°开启后，不应影响疏散走道净宽。

（3）地下楼层的疏散楼梯间与地上楼层的疏散楼梯间，在首层采用耐火极限不低于 2.00h 且无开口的防火隔墙分隔；开向扩大前室的门为甲级防火门。

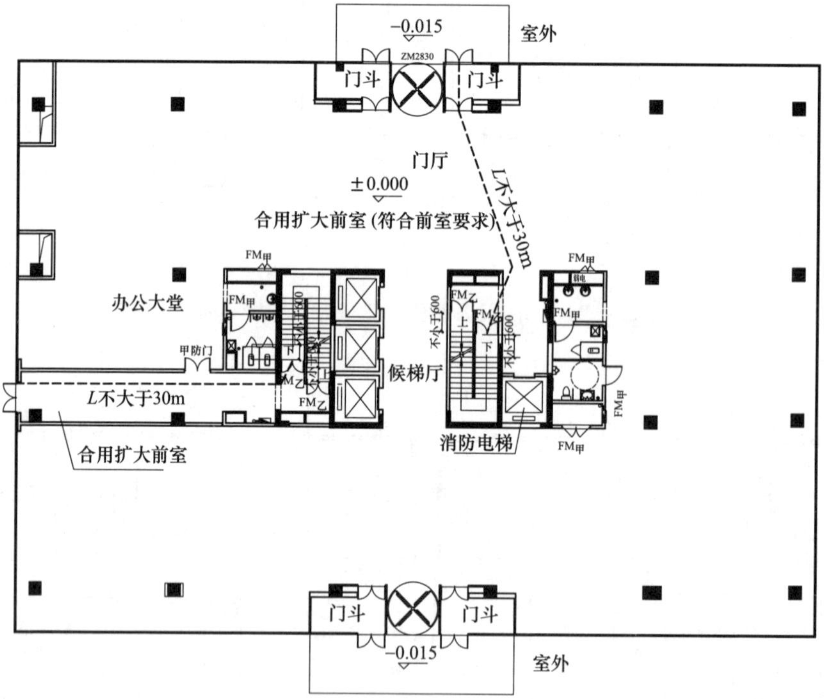

图 1.2.23

问题 24：

地下车库与托儿所、幼儿园、中小学校教学楼、老年人建筑、病房楼等组合建造时，疏散楼梯是否可以共用？

答：地下车库与托儿所、幼儿园、老年人建筑、中小学校的教学楼、病房楼等的安全出口和疏散楼梯应分别独立设置。

竖向楼层上设在同一位置的地上、地下疏散楼梯，当能分别直通室外且满足防火分隔要求（墙体耐火极限不小于 3.00h、楼板耐火极限不小于 2.00h）时，可作为两个独立的楼梯，见图 1.2.24。

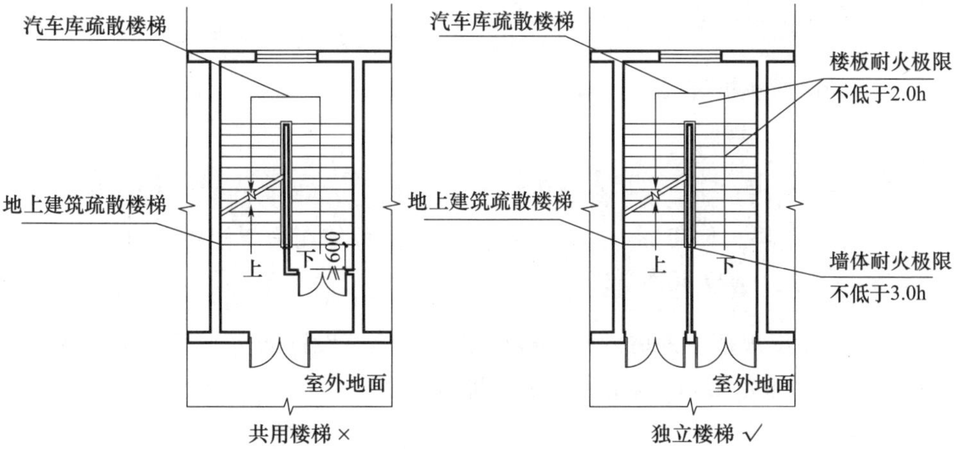

图 1.2.24

问题 25：

地下汽车库与托儿所、幼儿园、中小学校的教学楼、老年人建筑、病房楼等组合建造时，电梯能否通到地下车库？

答：地下汽车库与托儿所、幼儿园、中小学校的教学楼、老年人建筑等组合建造时，地上建筑的电梯不能通至地下汽车库。

当地下汽车库与一、二级耐火等级的病房楼组合建造时，病房楼的电梯通至地下汽车库，应满足以下条件：

（1）电梯所在地下汽车库的防火分区内不能设置电动车停车位。

（2）地下汽车库与病房楼之间采用耐火极限不低于 2.00h 的楼板分隔。

（3）电梯应设候梯厅，并采用耐火极限不低于 3.00h 的防火隔墙和甲级防火门分隔，不得用特级防火卷帘替代。

问题 26：

疏散内走道与其他房间之间的墙体是否可以设置普通窗？可以设置多少比例的普通窗？

答：一、二级耐火等级的建筑内，房间开间对应走道净高的墙体开口率不大于 1/3 时，窗可按普通窗设置；大于 1/3 时，窗应满足 1h 耐火极限要求（开口率计算不含门面积）。

问题 27：

《建筑设计防火规范》GB 50016—2014（2018 年版）第 5.5.7 条，“高层建筑直通室外的安全出口上方，应设置挑出宽度不小于 1m 的防护挑檐”请明确防护挑檐为结构实体防护挑檐还是玻璃雨篷即可？

答：混凝土挑檐和夹胶玻璃雨篷均可以。

问题 28：

沿街商业建筑，外墙用了自保温砌块，在划分防火分区时，内墙作为防火墙用 200mm 厚加气块，此处外墙耐火极限达不到 3h，是否违反防火规范要求？

答：不违反规范。外墙的耐火极限满足《建筑设计防火规范》GB 50016—2014（2018 年版）第 5.1.2 条相关要求即可。

问题 29：

幕墙建筑，除层间防火封堵和防火分区处设置防火封堵措施外，门窗洞口周边是否需要做防火封堵？

答：（1）幕墙建筑洞口需要按照《建筑防火通用规范》GB 55037—2022 第 6.2.4 条、《建筑防火封堵应用技术标准》GB/T 51410—2020 第 4.0.3 条的相关要求做防火封堵。除楼层间防火封堵构造外，还应沿窗槛墙的上沿和下沿各设一层。

（2）依据《玻璃幕墙工程技术规范》JGJ 102—2003 第 4.4.7 条，玻璃幕墙与其周边防火分隔构件间的缝隙、与楼板或隔墙外沿间的缝隙、与实体墙面洞口边缘间的缝隙等，应进行防火封堵设计，位置见图 1.2.29。

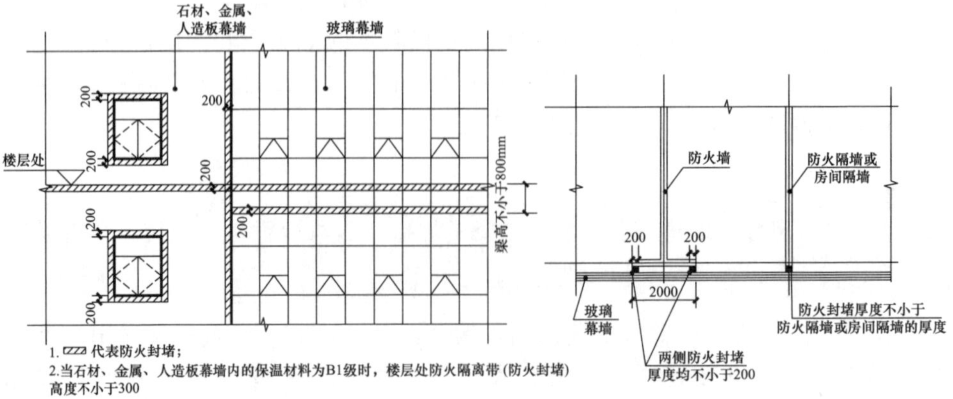

图 1.2.29　防火封堵示意

问题 30：

住宅建筑地下室（储藏室）的管井能否开向楼梯间或前室？

答：住宅建筑地下室（储藏室）的管井可以开向前室或者走道，不能开向楼梯间。《建筑防火通用规范》GB 55037—2022 第 7.1.8 条文说明：除住宅建筑受平面布置限制需要将电缆井和管道井的检查门设置在前室或合用前室内外，在其他建筑的防烟楼梯间前室或合用前室内，不允许开设除疏散门和排烟窗以外的其他开口和管道井的检查门。

问题 31：

《建筑设计防火规范》GB 50016—2014（2018 年版）第 3.6.10 条"有爆炸危险区域内的楼梯间、室外楼梯或有爆炸危险的区域与相邻区域连通处，应设置门斗等防护措施。门斗的隔墙应为耐火极限不应低于 2.00h 的防火隔墙，门应采用甲级防火门并应与楼梯间的门错位设置。"该条是针对使用或储存甲、乙类产品的有爆炸危险的场所，还是指所有要做防爆设计的场所如锅炉房？

答：该条是针对爆炸危险的甲、乙类厂房或场所，常规锅炉房属于丁类厂房，火灾危险性较小，且锅炉房规范中无此要求，无需执行此条。

问题 32：

当住宅建筑有底跃（一层与地下一层连通）并满足《住宅设计规范》GB 50096—2011 相关规定且地下室户门采用甲级防火门时，能否可按住宅建筑对待，其户内楼梯的地下与地上部分在首层是否可以不进行防火分隔。

答：当跃层住宅地上部分与地下室连通时，户内楼梯可采用敞开楼梯，但应满足以下要求：

（1）地下室户内部分与地下室其他部分应采用防火墙及甲级防火门进行分隔。

（2）户内任一点到户门或安全出口的距离不应超过 22m，其中楼梯疏散距离按其水平投影 1.5 倍计算。

问题 33：

穿越多个楼层（防火分区）的食梯，其电梯层门是否需要满足耐火完整性不低于 2.00h 的要求？

答：食梯属于电梯中一种形式，其电梯层门应满足《建筑防火通用规范》GB 55037—2022 和《建筑设计防火规范》GB 50016—2014（2018 年版）的要求。

1.3 安全疏散和避难

问题 1:

图 1.3.1 中楼梯间开门是否允许?

答：图中地下泵房采用封闭楼梯间，锅炉间和燃气计量间的门不能开在楼梯间，楼梯间除疏散门外不应开设其他门窗洞口。

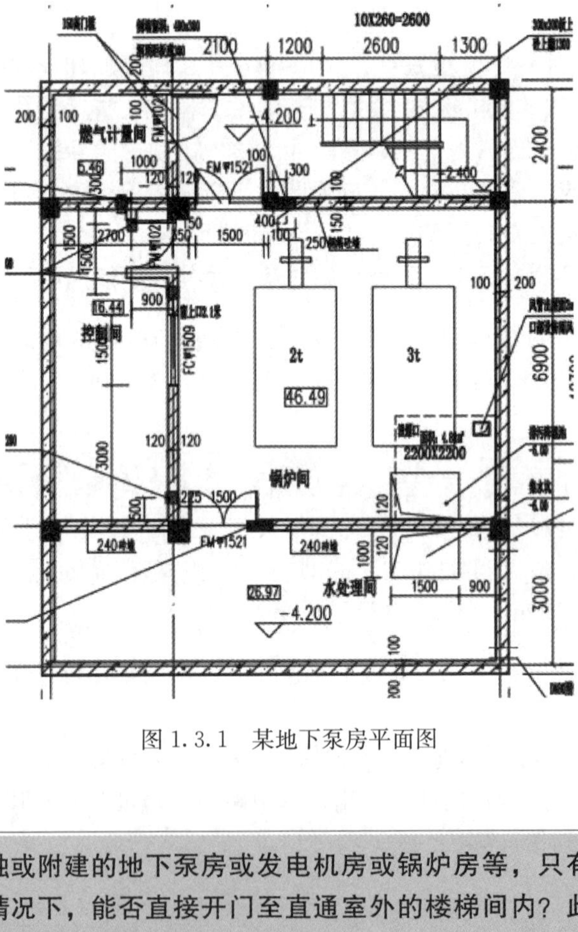

图 1.3.1 某地下泵房平面图

问题 2:

单独或附建的地下泵房或发电机房或锅炉房等，只有直接对外的出口情况下，能否直接开门至直通室外的楼梯间内？此楼梯踏步最小宽度与最大高度能否执行检修楼梯的要求?

答：(1) 当该楼梯只服务于单一功能空间时，房间疏散门可直接开向楼梯间。

(2) 当楼梯服务于多个功能空间，通过楼梯的位置需设置短走道。

(3) 当该楼梯设置为室外楼梯（或台阶）时，可直接开门至直通室外楼梯（或台阶）。

（4）除泵房及机房内部连通高差位置的楼梯可执行检修楼梯尺寸（220×200）mm 外，其他室内楼梯最小宽度最大高度应满足（260×175）mm。

问题 3：单独的地下水泵房楼梯是否要设置为封闭楼梯间？

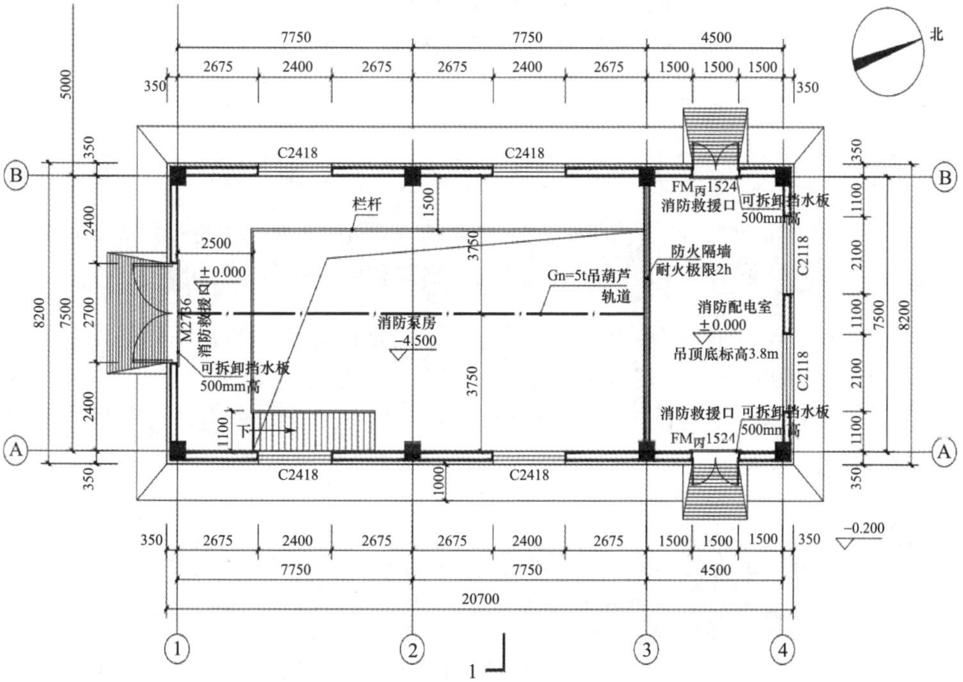

±0.000m平面布置图 1：100

图 1.3.3　某地下水泵房平面图

答：水泵房的专用楼梯仅为水泵检修使用，可视为检修楼梯，不用设置为封闭楼梯间，见图 1.3.3。

问题 4：能直接将房间疏散门开向楼梯间限定于哪种建筑类型？

答：除住宅户门外，其余建筑不能将房间疏散门开向楼梯间。

问题 5：地下车库安全出口疏散门处能否设置停车位？

答：不能，地下车库停车位不能占用通往安全疏散口的通道。

问题 6:

当地下车库与设备用房位于同一个防火分区时，设备用房的疏散距离是否可以参照车库最远疏散距离（即 60m）?

答：该设备用房视为车库附属用房，可按照车库建筑相关规范执行。疏散距离可参照《汽车库、修车库、停车场设计防火规范》GB 50067—2014 第 6.0.6 条计算，距离应是从房间内（设备布置之外区域的）最远点，按照人员行走轨迹计算。

问题 7:

地下或半地下建筑（室），当其中一个防火分区建筑面积不大于 $500m^2$ 时，能否执行《建筑设计防火规范》GB 50016—2014（2018 年版）第 5.5.5 条"其中一个安全出口利用直通室外的金属竖向梯"?

答：地下车库与住宅地下或半地下（室）相通的建筑，当住宅建筑地下或半地下附属用房的防火分区建筑面积不大于 $500m^2$，使用人数不超过 30 人且埋深不大于 10m 时，当需要设置 2 个安全出口时，其中一个安全出口可利用直通室外的金属竖向梯。

问题 8:

地下车库充电桩在同一防火分区内集中设置后，是否需单独设疏散楼梯或安全通道通至楼梯间?

答：不需单独设置疏散楼梯，疏散通道需畅通，疏散距离需满足规范要求。

问题 9:

对于具有办公和住宿功能的多层综合楼，如何设置封闭楼梯间，有无具体规定。

答：首先需定性该建筑是旅馆、宿舍，还是办公功能（设置少量备勤房间）。若为旅馆或宿舍，需按照相应规范设计，采用封闭楼梯间；若为办公功能（设置少量备勤房间），五层及五层以下，可采用敞开楼梯间。

问题 10:

除了住宅剪刀梯建筑合用一个前室直通室外，其他公共建筑两部楼梯分别开两个门，通向一个共同的扩大前室。此做法有无问题?

答：不可，公共建筑的两部楼梯应分别设置扩大前室直通室外。

问题 11:

屋面露天的商业运营区是否需要考虑疏散宽度及疏散距离?

答：屋面露天的商业运营区需划定使用范围，不应占用屋面安全疏散通道。人员疏散可利用出屋面楼梯间疏散，疏散距离和疏散宽度参照单多层商业建筑疏散要求执行。

问题 12:

《托儿所、幼儿园建筑设计规范》JGJ 39—2016（2019 年版）第 4.1.11 条第 7 款规定“楼梯间在首层应直通室外，而幼儿园建筑设计通常采用开敞楼梯间”。如何界定直通室外，隔一条走道是否可以?

答：如果疏散路径如下：从敞开楼梯间踏步边缘（边界）算起不经过其他房间可达直通室外的门，且距离不大于 15m（该 15m 所在空间两侧墙体耐火极限应满足 2.00h 的防火隔墙），该处属于直通室外是可行的。

问题 13:

《建筑设计防火规范》GB 50016—2014（2018 年版）第 5.5.17 条“楼梯间应在首层直通室外，确有困难时，可在首层采用扩大的封闭楼梯间或防烟楼梯间前室。当层数不超过 4 层且未采用扩大的封闭楼梯间或防烟楼梯间前室时，可将直通室外的门设置在离楼梯间不大于 15m 处”。对于层数大于 4 层的建筑中不能直通室外的封闭楼梯间以及层数不大于 4 层的建筑中距离建筑外门大于 15m 的封闭楼梯间，如何处理才能满足防火安全的要求?

答：(1) 通过扩大封闭楼梯间或扩大防烟楼梯间前室通向室外，从楼梯踏步边缘或楼梯间至室外门的距离不应大于 30m，参见 1.2 中问题 22 的解答。

(2) 当层数不超过 4 层，且未采用扩大封闭楼梯间或扩大防烟楼梯间前室时，可将直通室外的门设置在离楼梯踏步边缘不大于 15m 处，参见 1.2 中问题 21 的解答。

问题 14:

走廊是否一定要贯通，有的设计图纸端头几个房间（不超过 200m^2），疏散穿过一部封闭楼梯间到另一部疏散楼梯间，可行吗? 这样端头是否仅算一个安全疏散?

答：上述情景不符合规范要求，公共走道需保证连续通畅。

问题15：

一个防火区内，如设有3部封闭楼梯间，内走廊中间是否可以用封闭楼梯间断开？即两边使用时穿过封闭楼梯间，再进入另一部分建筑区域。

答：可行。但不建议采用这种布局方式，公共走道需保证连续通畅。

问题16：

疏散走道中部或尽端布置开敞区域时，是否能通过开敞区域疏散至楼梯间？

答：可行。前提是开敞区域是室内或者室外的公共空间，且该空间火灾荷载较小。

问题17：

一类住宅，剪刀梯一梯四户，其中一户设个小走廊，其余三户可以直接开向合用前室吗？

答：可行。

问题18：

敞开楼梯间与疏散走道衔接部位，是否要考虑疏散楼梯上部疏散人员疏散时，对本层的疏散宽度影响。

答：除《中小学校设计规范》GB 50099—2011、《宿舍建筑设计规范》JGJ 36—2016内相关规定外，其他建筑宜参照执行。以下为最低标准：

（1）公共建筑疏散楼梯的缓冲空间的宽度不小于0.6m。

（2）住宅建筑疏散楼梯的缓冲空间的宽度不小于一个踏步宽度0.26m。

问题19：

防火分区的借用是否能借用疏散距离（即借用防火分区的甲级防火门作为疏散距离计算的安全出口)？

答：除地下车库外，其他建筑可以借用。只要有借用情况就存在借宽度或距离，前提是整层的疏散宽度满足要求。

问题20：

关于多层公共建筑剪刀楼梯设置的要求是否可参照《建筑设计防火规范》GB 50016—2014（2018年版）第5.5.10条高层建筑剪刀楼梯的要求设置？

答：可以。当多层公共建筑剪刀楼梯的两部楼梯分设前室，并采取防火隔墙做到完全防火分隔时，可视为两个安全出口。未满足以上条件只能计为一个安全出口。

问题 21：

《建筑设计防火规范》GB 50016—2014（2018 年版）第 5.5.19 条规定，人员密集的公共场所的疏散门净宽度不应小于 1.40m。是不是人员密集的公共场所例如商业建筑、公共餐厅的所有疏散楼梯间的疏散门与楼梯梯段的净宽均需要不小于 1.40m？

答：不是，因为在该条条文说明中明确：本条中“人员密集的公共场所”主要指营业厅、观众厅，礼堂、电影院、剧院和体育场馆的观众厅，公共娱乐场所中出入大厅、舞厅、候机（车、船）厅及医院的门诊大厅等面积较大、同一时间聚集人数较多的场所，不能任意扩大范围。

问题 22：

当住宅建筑地下室楼梯间设置两个前室，分别作为地下车库区域相邻两个防火分区的安全出口时，此做法共用一个安全出口是否可行(即两个防火分区设置三部直通室外的安全出口或地下车库相邻防火分区之间的安全出口是否能共用)？

答：不可行，地下车库相邻防火分区之间不能共用安全出口。

问题 23：

《建筑设计防火规范》GB 50016—2014（2018 年版）第 5.5.17 条安全疏散问题：采用大房间短走道及小房间长走道时，建筑的观众厅、展览厅、多功能厅、餐厅、营业厅等场所怎么界定房间大小？

答：通过控制疏散路径和行走距离控制房间大小。根据房间内任一点与疏散门连线的角度不同、距离不同来控制房间面积大小。见 18J811-1《建筑设计防火规范》GB 50016—2014（2018 年版）图示第 5-66 页、第 5-67 页。

问题 24：

《建筑防火通用规范》GB 55037—2022 第 7.1.2 条，房间疏散门应直接通向安全出口，不应经过其他房间。若采用“开敞办公区加独立办公室”平面组合时，办公室要经过开敞办公区进行疏散，是否可行？类似这样的平面布置如何界定？

答：可行。属于同一功能不同空间的组合方式，需保持室内疏散路径通畅。疏散路径应为人员行走的轨迹，从房间最远点起算，绕开固定家具，距离满足规范相关要求即可。

问题 25：

《建筑设计防火规范》GB 50016—2014（2018 年版）第 5.5.19 条“人员密集的公共场所、观众厅的疏散门不应设置门槛，其净宽度不应小于 1.40m，且紧靠门口内外各 1.40m 范围内不应设置踏步。”是否也适用于其他类型的建筑？在疏散楼梯间内是否也要按此控制疏散平台尺寸？

答：《建筑设计防火规范》GB 50016—2014（2018 年版）第 5.5.19 条仅适用于人员密集的公共场所、观众厅，不适用其他类型的建筑，也不适用疏散楼梯间内。

问题 26：

当仅首层面积超 $200m^2$ 的二、三层建筑，是否能按照《建筑设计防火规范》GB 50016—2014（2018 年版）第 5.5.8 条只设置一部疏散楼梯？

答：除医疗建筑，老年人照料设施，托儿所、幼儿园的儿童用房，儿童游乐厅等儿童活动场所和歌舞娱乐放映游艺场所等以外的一、二级耐火等级公共建筑，当二～三层每层建筑面积不超 $200m^2$，人数合计不超过 50 人，疏散楼梯独立设置，在首层不经其他区域直通室外，直通疏散走道的房间疏散门至最近安全出口的直线距离或房间直通安全出口的直线距离不应大于 22m 时且各层疏散距离符合单向疏散距离要求时，可以只设置一部疏散楼梯。并宜在二层、三层距离楼梯间入口远端增加紧急逃生和救援口。

问题 27：

商业建筑中局部设置的儿童培训场所及游乐设施，其疏散距离、楼梯的宽度以及踏高踏宽，是按照商业建筑标准设计吗？对儿童的年龄是否有要求？

答：商业建筑中局部设置的儿童培训场所及游乐设施，其疏散距离、楼梯的宽度以及踏高踏宽，可按照商业建筑标准进行设计，如果该场所明确界定为儿童活动场所，即供 12 周岁以下的婴幼儿和少儿活动的场所，该场所设置的位置及安全出口应符合《建筑设计防火规范》GB 50016—2014（2018 年版）第 5.4.4 条和《建筑防火通用规范》GB 55037—2022 第 4.3.4 条相关要求。

问题 28：

歌舞娱乐放映游艺场所区域的开放式前厅、舞厅（大空间部分）疏散距离按走道 25m（9m）还是厅的 30m 计算？歌舞娱乐放映游艺场所内设置的配套营业用房是否按照歌舞娱乐放映游艺场所的要求进行消防设计？

答：当歌舞娱乐放映游艺场所中房间疏散门均为安全出口时，房间内任一点至安全出口的直线距离按下述要求确定：当房间内任一点只有一个疏散方向时，不应大于 9m；当房间内任一点均有两个及以上疏散方向时，不应大于 18m；当该场所全部设置自动喷水灭火系统时，该距离可分别增加 25%。

歌舞娱乐放映游艺场所中的舞厅等大空间部位消防设计需满足歌舞娱乐放映游艺场所相关要求；开放式前厅为公共区域时，其消防设计可依据公共娱乐场所建筑相关要求。

歌舞娱乐放映游艺场所内设置的配套营业用房（办公、卫生间、仓储和建筑面积不超过 $100m^2$ 的小卖部等除外）应按歌舞娱乐放映游艺场所的要求进行消防设计。当配套用房与歌舞娱乐放映游艺场所处相同楼层的不同防火分区且疏散完全独立或者处于不同楼层不同的防火分区时，可按其实际功能进行防火设计。

问题 29：

如果人防地下室平时做为商业使用，进风机房与排风机房是否均应通过专用疏散走道进行疏散？进风机房和排风机房无法集中设置在同一区域时，如需通过营业区，算营业区面积时是否能减去此部分设备用房的面积？

答：进风机房与排风机房应尽量通过专用疏散走道疏散，当与营业厅共用疏散时，核算营业区面积可减去此部分设备用房的面积，但人数应考虑设备用房的值班及维修人员数量。

问题 30：

关于餐厅疏散人数是按面积密度指标还是按固定座位数确定？

答：餐厅不属于固定座位场所，大空间就餐区应按照《饮食建筑设计标准》JGJ 64—2017 中的面积密度指标，依据就餐区的面积核算人数。包房可按 2.0～$2.5m^2$/人。

问题 31：

车库借用住宅楼梯做为安全出口，设置专用走道，此走道可否开设其他疏散门（非储藏间门）？

答：专用走道可与其他疏散走道采用乙级防火门进行分隔，但房间门不能开向专用走道。

1.4 灭火救援设施

问题 1：

《建筑防火通用规范》GB 55037—2022 第 7.1.13 条“设置在消防电梯或疏散楼梯间前室内的非消防电梯，防火性能不应低于消防电梯的防火性能”。是否可以能理解为消防电梯前室内允许设置非消防电梯，非消防电梯符合消防电梯的要求即可？

答：消防电梯、疏散楼梯间前室内可以设置非消防电梯，非消防电梯应具备不低于消防电梯的防火性能：

（1）电梯的动力和控制线缆应阻燃且与控制面板的连接处、控制面板的外壳防水性能等级不应低于 IPX5。

（2）电梯轿厢内部装修材料的燃烧性能应为 A 级。

（3）电梯层门的耐火完整性不应低于 2.00h。

问题 2：

《建筑防火通用规范》GB 55037—2022 第 2.2.9 条，消防电梯井和机房应采用耐火极限不低于 2.00h 且无开口的防火隔墙与相邻井道、机房及其他房间分隔。在起草说明中又提到“机房上设置的连通门应为甲级防火门”。此种说法与正文中提到的无开口的说法是否冲突？消防电梯机房与普通电梯机房是否能通过甲级防火门连通？

答：不可以，规范正文中已经明确消防电梯机房与其他机房应采用火极限不低于 2.00h 且无开口的防火隔墙分隔。

问题 3：

消防回车场地能否做成异形，如丁字型或 Y 字形？

答：消防车能够利用的不规则的场地，可为丁字形、Y 字形等满足消防车回车要求的场地（从交叉点起算车道长度不应小于 12m，见图 1.4.3-1），可以作为消防回车场地。但为尽端场地时，进入端车道宽度不应小于 7.0m，从交叉点起算的车道长度需满足：丁字形不应小于相应转弯半径长度＋2m 长度；Y 字形不应小于相应转弯半径（图 1.4.3-2）。

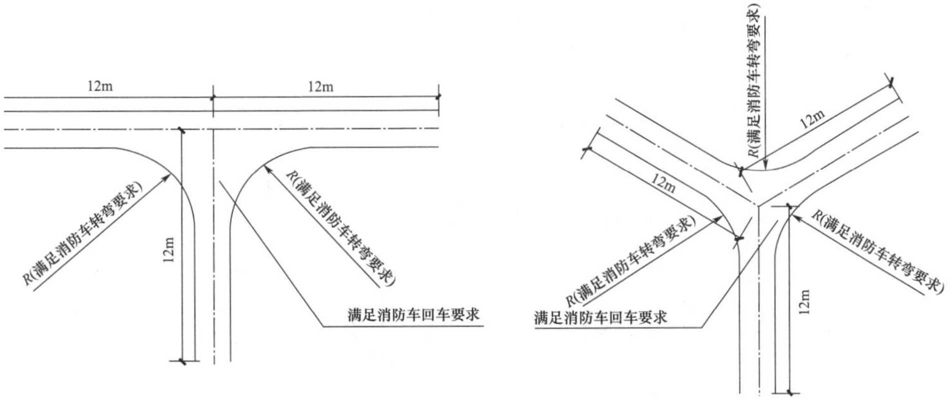

图 1.4.3-1

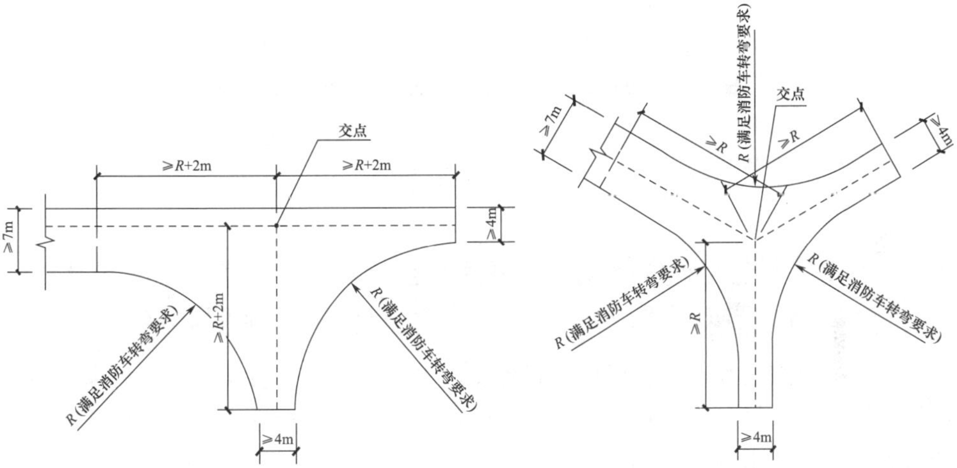

图 1.4.3-2

问题 4：

在消防救援场地范围内，设置地下车库车行出入口是否可行?

答：在消防救援场地范围内，不能设置地下车库车行出入口。在消防救援场地边缘设置时，需对消防救援没有影响。

问题 5：

消防电梯与非消防电梯共用的厅，消防前室短边不小于 2.4m，前室短边如何确定?

答：消防电梯前室的短边不应小于 2.4m，短边是指消防电梯井道相对应的部分的面宽和进深，其他区域尺寸不做严格限制，见图 1.4.5。

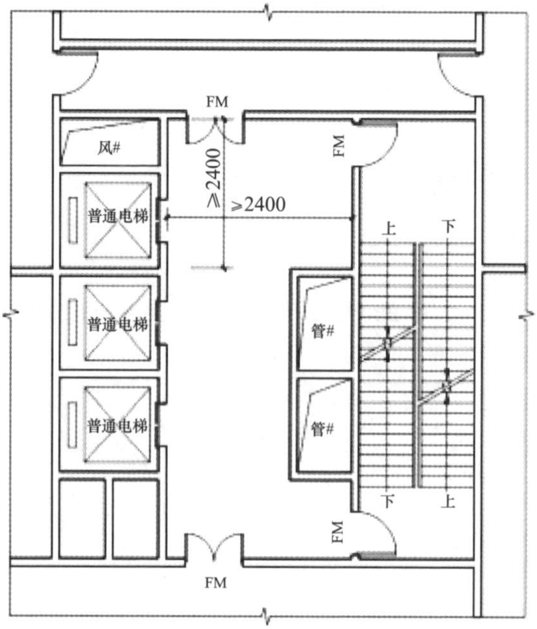

图 1.4.5

问题 6：

两层公共建筑，根据《建筑防火通用规范》条文解释，只要是窗户满足消防人员进入，是否可以不单独设置消防救援窗口？

答：当建筑的外墙上每层均设置外窗或外门时，第一层和第二层可以不设置消防救援口，直接利用建筑的外窗和外门；建筑的外窗开口或外门的尺寸应满足消防救援口的要求。

问题 7：

剧场舞台地下局部台仓深度埋深大于 10m，其他地下区域为地下一层，埋深不足 5m，地下两层建筑面积合计大于 3000m²，该建筑是否需要设置消防电梯？由于台仓部分与其他地下区域分设不同的防火分区，如果台仓部分设置消防电梯，地下一层防火分区区域是否也需要设置？

答：台仓作为特殊功能，无实际使用功能（设备空间），当台仓与其他功能区域分别设置不同防火分区，台仓无需设置消防电梯。该建筑地下一层其他区域埋深不足 5m，且该建筑地下一层每个防火分区具有直通室外的安全出口并可以供消防救援人员进出地下室时，可以不设置消防电梯。但是如果地上建筑部分设置了消防电梯，则这些消防电梯应自上而下通至地下各层的对应位置。

问题 8：

建筑相邻两个防火分区能否共用一台消防电梯？

答：可以。消防电梯可以设置在相邻两个防火分区的相接处，采用各自独立的消防电梯前室通向对应的防火分区；当建筑中少数防火分区确实难以直接在防火分区内设置消防电梯时，应采用专用的救援通道或具有防火防烟性能的走道将防火分区与消防电梯前室连通。专用的救援通道应采用耐火极限不低于 2.00h 的防火隔墙、甲级防火门和耐火极限不低于 1.00h 的楼板与其他区域分隔，通道上不应开设除出入口门外的其他洞口，见图 1.4.8。

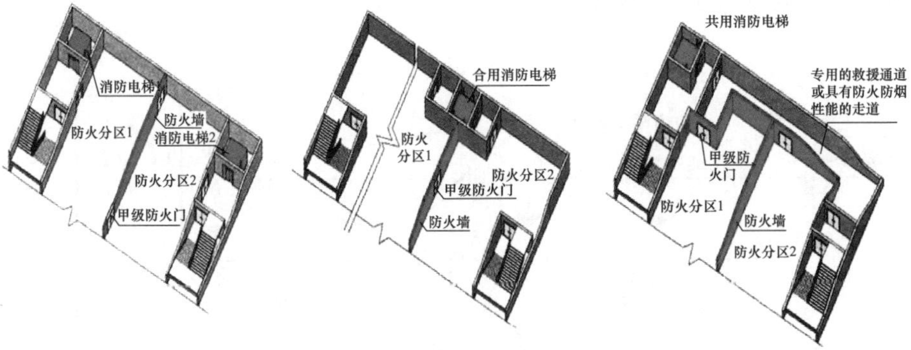

图 1.4.8

问题 9：

无机房电梯能否用作消防电梯？

答：无机房电梯满足消防电梯各项要求时可作为消防电梯。

问题 10：

《洁净厂房设计规范》GB 50073—2013 第 5.2.10 条“洁净厂房同层洁净室（区）外墙应设可供消防人员通往厂房洁净室（区）的门窗，其门窗洞口间距大于 80m 时，应在该段外墙的适当部位设置专用消防口。专用消防口的宽度不应小于 750mm，高度不应小于 1800mm，并应有明显标志。楼层的专用消防口应设置阳台，并从二层开始向上层架设钢梯。”及《电子工业洁净厂房设计规范》GB 50472—2008 第 6.2.8 条等强制条文（条文均未取消仍有效力）是与现行《建筑防火通用规范》GB 55037—2022 消防救援口，并行实施“专用消防口”“消防救援口”，还是合并执行“消防救援口”的规定？应该如何处理？

答：专业消防口的净宽度不应小于 800mm，其余执行《洁净厂房设计规范》

GB 50073—2013 第 5.2.10 条，洁净区专用消防口可计入消防救援口的数量。

问题 11：住宅建筑端部与底部商业服务网点重叠时，消防车登高操作场地未覆盖建筑长边，如何处理？

答：住宅建筑端部与底部商业服务网点或底部多层商业重叠布置长度应满足图 1.4.11 的要求，消防车道或者消防车登高操作场地应沿住宅建筑长边连续设置；在设置消防车登高操作场地对应范围内的住宅一侧，每个单元楼梯间应设置出入口，与商业服务网点重叠部分的住宅应设有外窗，保证消防车的救援作业范围能覆盖该建筑的全部消防扑救面。

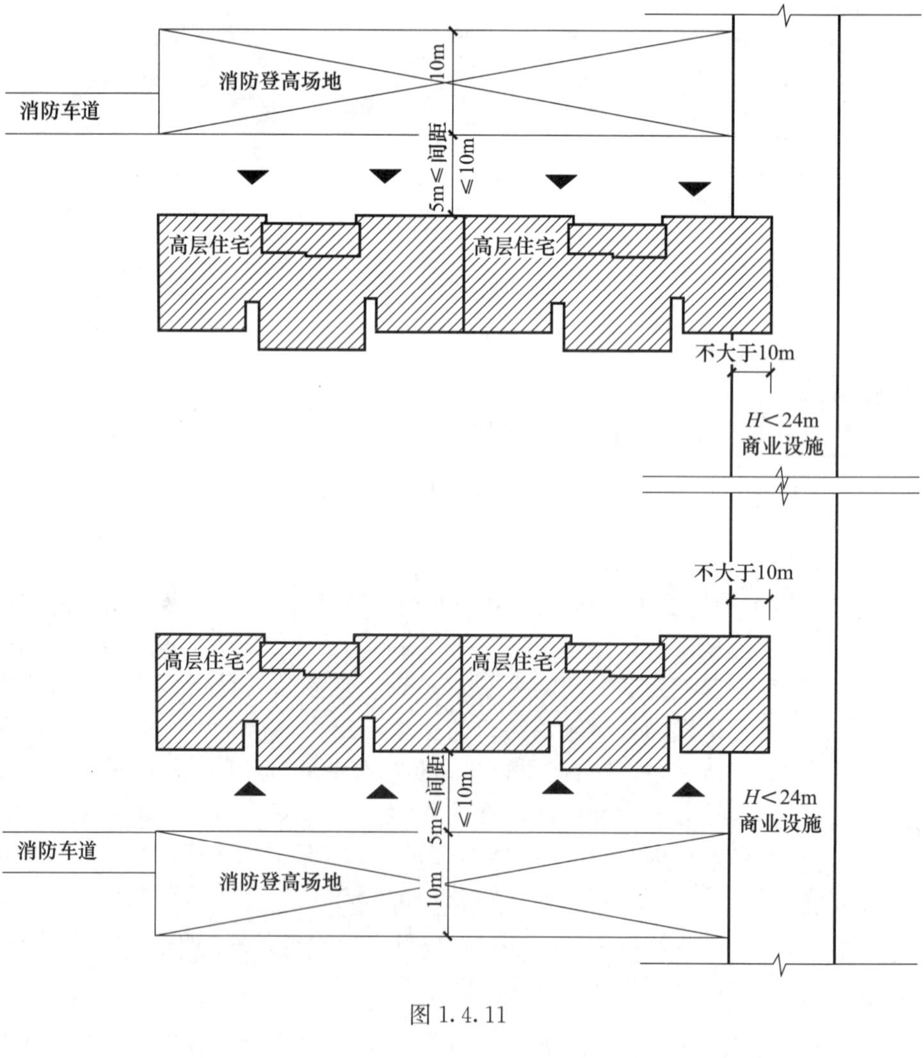

图 1.4.11

问题 12：

《建筑防火通用规范》GB 55037—2022 中第 3.4.3 条“除受环境地理条件限制只能设置 1 条消防车道的公共建筑”，请问此“环境地理条件”是否指项目用地的天然地理环境，是否包含人造环境如在建筑的一侧设置人造水体等？《建筑设计防火规范》GB 50016—2014（2018 年版）第 7.1.2 条中的“确有困难”，同“受环境地理条件限制”，意思是否相同？

答：不包含人造环境。只能设置 1 条消防车道的公共建筑，环境地理条件限制主要为建筑周围地形高差大且在另一边设置消防车道的建设成本巨大或没有条件，建筑沿江河湖海等天然水体堤岸凌空建设且难以设置高架桥作为消防车道的情形。

问题 13：

《建筑防火通用规范》GB 55037—2022 第 3.4.3 条“住宅建筑应至少沿建筑的一条长边设置消防车道”，目前多层住宅建筑的一条长边是否需要设置消防车道？

答：考虑住宅建筑有特殊性，且在《建筑设计防火规范》GB 50016—2014（2018 年版）中没有要求多层住宅中设置消防车道的规定。在《建筑设计防火规范》修订稿发布之前，多层住宅建筑暂不强制性要求设置消防车道。

问题 14：

《建筑防火通用规范》GB 55037—2022 第 3.4.7 条“场地与建筑之间不应有进深大于 4m 的裙房及其他妨碍消防车操作的障碍物或影响消防车作业的架空高压电线”，住房和城乡建设部工作人员曾经在官网上答复“宽度小于 4m 的凹槽不具备更好地展开消防救援的条件，所以裙房进深算至外墙外侧（及凹槽外侧）”一般情况下当新规范更新时，与之相关的条文的相关文件会作废。请问当《建筑防火通用规范》实施时，住房城乡建设部的此答复是否还有法律效力？

答：“场地与建筑之间不应有进深大于 4m 的裙房”，此条《建筑防火通用规范》GB 55037—2022 和《建筑设计防火规范》GB 50016—2014（2018 年版）的要求一致，故依旧执行住房和城乡建设部回复。

问题 15：

关于“有特殊要求的建筑”是否执行《建筑设计防火规范》GB 50016—2014（2018 年版）第 7.2.4 条“住宅”和“有特殊要求的建筑和甲类厂房”？是否需要设置消防救援口？

答：住宅建筑具有特殊性，且在《建筑设计防火规范》GB 50016—2014（2018 年版）中均没有要求住宅设置消防救援口的规定。在《建筑设计防火规范》修订稿发布之前，住宅建筑暂不强制性要求设置消防救援口。

金库、生物安全实验室、散装粮仓、筒仓、特殊实验室、看守所监区、生产建筑中有特殊要求的洁净生产区直接对应的外墙、档案馆和博物馆中重要藏品室的外墙等有特殊要求的建筑和甲类厂房可不设置消防救援口。

问题 16：

受场地限制，消防车道距离建筑物能否小于 5m？不作为消防车登高操作场地的话，距离不应大于多少？

答：当消防车道仅作为通行使用时，与建筑外墙距离不做要求，当兼作救援功能时，消防车道距离建筑物不应小于 5m；消防车道距离建筑外墙的最大距离，不宜大于 30m，且消防车道与建筑外墙之间不应设置妨碍消防车登高操作的树木、架空管线等障碍物。

1.5 建筑保温和装饰装修

问题 1：

《建筑设计防火规范》GB 50016—2014（2018 年版）第 5.1.7 条："建筑中的非承重外墙、房间隔墙和屋面板，当确需采用金属夹芯板材时，其芯材应为不燃材料，且耐火极限应符合本规范有关规定。"当混凝土屋面采用金属单板作为饰面时，混凝土屋面的保温材料是否可采用 B1 级材料？

答：金属夹芯板材作为屋面时，芯材应采用 A 级材料。当混凝土屋面采用金属单板作为饰面时，混凝土屋面的保温材料可以依据建筑定性确定其燃烧性能。

问题 2：

在外墙均需采用 A 级燃烧性能保温材料建筑时，外墙上局部竖向装饰线条、外窗框外包线条（凸出墙面 100mm、宽度 100mm）、外窗、柱体等冷桥部位构造保温等，是否也需采用 A 级燃烧性能保温材料？

答：外窗、柱体等冷桥部位构造保温需采用 A 级燃烧性能保温材料。外墙上局部竖向装饰线条、外窗框外包线条凸出墙面尺寸和宽度尺寸≤150mm 时，可采用 B1 级燃烧性能保温材料。

问题 3：

《建筑设计防火规范》GB 50016—2014（2018 年版）第 5.1.2 条，民用建筑的耐火等级可分为一、二、三、四级。除本规范另有规定外，不同耐火等级建筑相应构件的燃烧性能和耐火极限不应低于表 5.1.2 的规定。防火墙耐火等级应大于 3.00h，但由于采用保温结构一体化技术，外墙采用自保温砌块。当外墙需要设置防火墙时，自保温砌块耐火极限仅为大于 1.00h，应如何处理？

答：防火墙应满足耐火极限大于 3.00h，具体工程措施由设计自行确定。

问题 4：

厨房无明火操作间墙体内装修材料燃烧性能等级是否应达到 A 级？

答：依据《建筑内部装修设计防火规范》GB 50222—2017 第 4.0.11 条，建筑物内的厨房，其顶棚、墙面、地面均应采用 A 级装修材料。设计应满足规范要求。

问题 5：

热计量间顶棚是否必须 A 级材料饰面？

答：当热计量间有窗户且设置在单多层民用建筑地上、无明火的丁戊类厂房地上时，设备计量间顶棚应采用不低于 B1 级装修材料；当计量间无窗户，或者设置在地下民用建筑、高层民用建筑、仓库、甲乙丙类厂房、有明火的丁戊类厂房内时应采用 A 级装修材料。

1.6　其他类

1.6.1　防烟排烟

问题 1：

地上一层、地下一层的建筑，地下室封闭楼梯间在首层可以直通室外的前提下，是否还需要按照《建筑防烟排烟系统技术标准》GB 51251—2017 第 3.2.1 条最高处设置洞口或开启窗 $1.0m^2$ 要求，此门是否可以计算自然排烟面积？

答：首层的封闭楼梯间的门直接开向室外，当仅为地下一层建筑时，此外门洞口净宽度≥1.2m，不需要在高处设置排烟的洞口或开启窗，此门可以计算自然排烟面积。

问题 2:

由于新疆气候的特殊性，经常需在主要出入口设置“防寒门斗”。此防寒门斗是否能定义为室外安全区域？防寒门斗是否要考虑排烟设施？尤其像住宅建筑，为满足《建筑防烟排烟技术标准》GB 51251—2017 第 3.1.6 条，设置直通室外的疏散门，若不能设置在门斗内而单独直通室外时，会给用户在使用时带来不便。

答：防寒门斗不能定义为室外安全区域，防寒门斗无需考虑排烟设施，门斗也不能计入自然排烟面积，开向门斗的窗不能计入排烟面积。

《建筑防烟排烟技术标准》GB 51251—2017 第 3.1.6 条所指的封闭楼梯间的防寒门斗可不设排烟设置。

问题 3:

大体量商业综合体，地下一层封闭楼梯间在中间位置，如不能直通室外，可采用走道连通室外，因此无法按照《建筑防烟排烟系统技术标准》GB 51251—2017 第 3.2.1 条最高处设置洞口或开启窗 1.0m² 要求。应如何设计？

答：依据《建筑防火通用规范》GB 55037—2022 第 2.2.4 条，设置机械加压送风系统并靠外墙或可直通屋面的封闭楼梯间、防烟楼梯间，在楼梯间的顶部或最上一层外墙上应设置常闭式应急排烟窗，且该应急排烟窗应具有手动和联动开启功能。不靠外墙或不能直通屋面的封闭楼梯间、防烟楼梯间无需设置常闭式应急排烟窗。

问题 4:

前室和楼梯间采用自然通风方式时，可开启外窗的面积如何计算？是否要执行《建筑防烟排烟技术标准》GB 51251—2017 第 4.3.5 条中自然排烟窗有效面积的计算方法？

答：前室和楼梯间采用自然通风方式，当所有窗扇均可开启时，可开启外窗面积计算可以按照土建窗洞口的净面积计算；当部分窗扇可开启时，开启外窗面积计算可以将该窗扇窗框计入。

窗的开启方式不限，不执行《建筑防烟排烟技术标准》GB 51251—2017 第 4.3.5 条中自然排烟窗有效面积的计算方法。

1.6.2　建筑分类

问题 1：

中华人民共和国住房和城乡建设部第 58 号令第十四条第五款中“学校的集体宿舍”，包不包括教职工宿舍？

答：不包含教职工宿舍。

问题 2：

村委会办公用房是否算国家机关办公楼？

答：不属于。

问题 3：

既有建筑的消防设计及改造如改变其原有功能，如把商场的局部改为儿童活动场所，其抗震设防要求不满足现有规范要求，应如何处理？

答：商场内局部设置的儿童活动场所，其定性为商业建筑，抗震设防烈度应执行商业建筑相关要求。

问题 4：

消防改造项目中，在消防疏散不够的情况下，有新加室外钢制楼梯的情况，是否需要当地规划主管部门相关文件？

答：需要当地规划主管部门出具相关文件。

问题 5：

通用规范执行后，原来建筑防火规范中的黑体字强条作废了，但是新的通用规范中没有再体现此内容，该条文如何执行？

答：在相关标准未修订的衔接阶段，只废除其强制性。当原条文与通用规范不重复、不矛盾或不低于规范规定时，保留原条文，但属于推荐性条文；当原条文与通用规范条文重复时，在修订相关技术标准时直接引用通用规范或删除；当通用规范条文为多条原文改造而来时，原条文应改造为实现规范要求的技术措施和技术要求，并为推荐性条文；当原条文与规范矛盾、不一致或低于通用规范规定时，原条文废止。

问题 6：

电锅炉房是否需要设置泄爆口？

答：新疆工程建设地方标准《电锅炉房设计规程》XJJ 092—2018 第 13.1.3

条规定：承压电锅炉房及承压蓄热装置室的外墙、楼地面或屋面，应有相应的防爆措施，相关要求应符合现行国家标准《锅炉房设计标准》GB 50041—2020 的规定。

问题 7：一些项目对于自然排烟窗面积计算不标注清晰高度，无法准确核对开窗面积是否满足排烟要求。

答：为保障人员安全疏散和消防扑救，必须控制烟层厚度即储烟仓的厚度，同时计算出所需排烟量以保证足够的清晰高度。储烟仓厚度和最小清晰高度是排烟设计中需要计算的重要指标，应反映在建筑施工图纸中。

1.7 相关术语

1.7.1 商业服务网点

住宅与商业设施合建的建筑按照住宅建筑的防火要求建造，符合下列规定的建筑为商业服务网点。

（1）商业设施中每个独立单元之间应采用耐火极限不低于 2.00h 且无开口的防火隔墙分隔。

（2）每个独立单元的层数不应大于二层，且一、二层的建筑之和面积不应大于 300m^2。

（3）每个独立单元中建筑面积大于 200m^2 的任一楼层均应设置至少 2 个疏散出口。

（4）商业服务网点各层层高需控制在 6.1m 及以下。

1.7.2 实训楼

指学校内进行职业实习和专业技术训练的教育建筑。

如为技工学校中的汽车检修教室、卫生职业技术学院中的老年人护理、医学院中的模拟病房、商贸学院中的模拟酒店客房等用房，可按照教学实验建筑进行消防设计，使用人数按照座位数或者工位数确定。

如为厂房类的实训车间，应按照厂房进行消防设计，使用人数按照教学班数量配置确定。

甲、乙、丙类实训车间与教学楼、宿舍楼等民用建筑不能组合建造。

1.7.3 台地建筑防火分区的定性

当一栋建筑位于台阶地坪时，低于较低地坪的楼层其防火分区应按以下要求划分：

（1）当一个防火分区临空长度超过该防火分区一个长边或周长的 1/4，且进深不超过 30m，该防火分区按地上建筑确定防火分区最大允许建筑面积。

（2）不满足以上条件的，按地下建筑确定防火分区最大允许建筑面积。

1.7.4　装修设计中的无窗房间材料燃烧性能要求

房间内如果安装了能够被击破的窗户，外部人员可通过该窗户观察到房间内部情况，则该房间可不被认定为无窗房间，可不执行《建筑内部装修设计防火规范》GB 50222—2017 第 4.0.8 条。

1.7.5　疏散门的净宽度

（1）《建筑防火通用规范》GB 55037—2022 第 7.1.4 条规定疏散出口门净宽度不应小于 0.80m。

（2）疏散门净宽度的计算方法，见图 1.7.5。对于单扇门，门的净宽度为门扇呈 90°角打开时门框内缘至门表面的水平距离；对于双扇门，为两扇门同时呈 90°角打开时，两扇门相对表面之间的水平距离。当门扇采用手动门栓固定在门框或地面上时，该门扇的宽度不计入疏散宽度，此时需要保证其他门扇开启后门口的净宽度不小于规定值，即从固定门扇的边缘至另一门扇开启 90°后的门内表面的水平距离。门的把手等附件，当凸出门表面不大于 80mm 时，可以不考虑其对疏散的影响。

（3）本条规定的净宽度 0.80m 不允许负偏差。

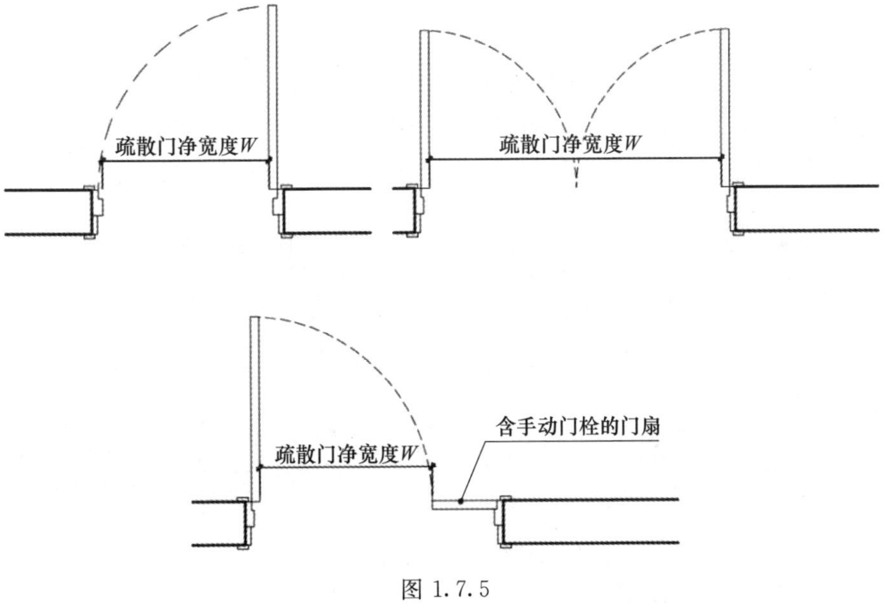

图 1.7.5

1.7.6 公共建筑疏散楼梯在首层直通室外疏散走道宽度的计算方法

（1）当地下部分和地上部分的疏散楼梯通过不同的疏散走道直通室外时，疏散走道的净宽度分别不应小于各自所连接的疏散楼梯的总净宽度。

（2）当地下部分为人员密集场所时，地下部分与地上部分的疏散楼梯共用疏散楼梯间并在首层通过同一条疏散走道直通室外时，该疏散走道的净宽度不应小于地下和地上连通至该走道的疏散楼梯的总净宽度。

1.7.7 首层疏散至室外空间处具有三面围护结构且有顶盖的通道相关要求

当首层疏散至室外空间处，具有三面无窗围护结构且有顶盖的通道时，当通道净高≤6m 时，通道的水平直线长度不应大于 6m；当 6m<通道净高≤10m 时，通道的水平直线长度是净高的 1.5 倍；当通道净高>10m 时，通道的水平直线长度净高的 2.0 倍，且宽度不应小于 3m，满足上述要求时，该通道可视为室外空间。

第 2 章　结构防火

2.1　结构构件耐火极限

问题 1：

在执行《建筑防火通用规范》GB 55037—2022 中目前软件只能完成钢结构的耐火性能验算和防火保护设计，对于混凝土、木结构、除钢结构外的金属结构，怎么设计？

答：(1) 对于混凝土结构，其火灾分析主要包括温度场计算、承载力和变形计算以及耐火极限分析，一般采用通用有限元程序进行火灾全过程非线性有限元分析，但不可避免繁复的运算过程，实际设计中可操作性差。目前一般按《建筑设计防火规范》GB 50016—2014（2018 年版）附表 1，满足各类建筑构件的燃烧性能和构件厚度或截面最小尺寸及钢筋的混凝土保护层厚度（柱：满足燃烧性能和构件截面最小尺寸；梁：满足燃烧性能和梁钢筋的混凝土保护层厚度；板：满足燃烧性能和板厚度及板钢筋的混凝土保护层厚度）。

(2) 对于木结构，按《建筑设计防火规范》GB 50016—2014（2018 年版）第 11 章要求及参照《木结构设计标准》GB 50005—2017 第 10 章进行设计。

(3) 对于除钢结构外的金属结构，考虑现在非钢材的金属结构防火技术不成熟，目前还在试验阶段，故不建议在封闭空间采用非钢材的金属结构。若要在封闭空间采用非钢材的金属结构，应进行防火试验，技术性能应满足防火规范要求，并应进行专项论证，方可实施。

问题 2：

有些结构没有明显的柱梁界限，比如储煤库，圆柱形网架直接落地，其耐火极限该如何确定？是按柱还是按梁？

答：没有明显的柱梁界限的结构构件。例如：储煤库等结构的圆柱形网架直接落地的耐火极限应按柱耐火极限确定。

注：《建筑钢结构防火技术规范》GB 51249—2017 第 1.0.2 条已经明确该规范适用于工业与民用建筑中的钢结构及钢管混凝土柱、压型钢板-混凝土组合楼板等结构构件，第 6.1.2 条条文说明指出对于高大空间火灾的标准火灾升温曲线

与实际火灾相差甚大，因此对于储煤库，圆柱形等落地网架结构，不能简单地采用 PKPM、盈建科等软件进行防火验算，而需要采用专业软件进行火灾模型计算。

问题 3：

有些墙要求耐火极限是 2h，墙下无梁，墙直接落在楼板上（板的耐火极限是 1.5h），这样是否可行？

答：此种情况墙下应设置楼面梁，并满足墙体耐火极限要求。

问题 4：

有个别柱子生根在梁上（梁托柱），柱的耐火极限为 3h，梁的耐火极限为 2h，如果梁 2h 后烧坏了，柱也就倒了，柱的耐火极限 3h 的要求是不是没有必要了？

答：此种情况应将梁的耐火极限与柱相同，取 3h。

问题 5：

建筑专业防火墙耐火极限为 3h，与防火墙相邻的结构框架，是否也定为 3h？（注：框架改为 3h 后，梁柱保护层要变大。）

答：与防火墙相邻的混凝土结构框架柱、梁耐火极限不应低于防火墙的耐火极限。

（1）根据《建筑设计防火规范》GB 50016—2014（2018 年版）附录—各类建筑构件的燃烧性能和耐火极限，混凝土框架柱截面尺寸不小于 300mm×300mm 时，耐火极限可达 3h；混凝土框架柱截面尺寸不小于 370mm×370mm 时，耐火极限能够达到 5h。一般混凝土框架柱截面尺寸能够满足 300mm×300mm 的要求，故不再加大混凝土框架柱钢筋的混凝土保护层厚度。

（2）对混凝土框架梁而言，混凝土梁的耐火极限取决于梁钢筋的混凝土保护层厚度，与防火墙相邻的混凝土框架梁钢筋的混凝土保护层厚度应加大，其厚度取值满足相应的耐火极限要求，施工图设计应予以特殊标注。（注：根据《建筑设计防火规范》GB 50016—2014（2018 年版）第 3.2.1 条条文说明“柱的受力和受火条件更苛刻……，设计需以此规定为最低要求，根据工程的具体情况确定合理的耐火极限，而不能仅片面满足规范要求”，因此框架柱应与防火墙耐火极限相同，取 3h。）

问题 6：

钢结构不上人平屋面板二级时，耐火极限是多少小时？

答：（1）不上人屋面板采用轻质板材屋面板和檩条，且檩条为第一类檩条时，根据《建筑钢结构防火技术规范》GB 51249—2017 第 3.1.1 条的条文说明，轻质板材屋面板和檩条的耐火极限可不作要求。

（2）屋面檩条为第二类檩条时，第二类屋面檩条耐火极限应按“屋顶承重构件”对待，轻质板材屋面板的耐火极限可不作要求。

（3）不上人屋面板为混凝土板时，考虑其塌落对下层结构和人员造成威胁，其耐火极限应按“屋顶承重构件”对待。（注：耐火等级为二级时，混凝土屋面板的耐火极限不小于 1.0h）。

2.2　结构构件防火处理

问题 1：

室外钢结构是否需要涂刷防火涂料？

答：（1）民用建筑：根据中国建筑科学研究院防火研究所研究员王广勇博士的解释，室外钢结构是否需要进行防火设计，主要考虑距离主体结构的距离和火灾是否会蔓延至室外钢结构等因素，当室外钢结构比较重要时，应进行防火设计。

（2）工业建筑：室外钢结构防火设计应执行相关的行业标准，例如《石油化工企业设计防火标准》GB 50160—2008（2018 年版）等。

问题 2：

钢结构防火涂料的耐火极限与涂层厚度是在试验室条件下测出的，与施工现场的技术条件存在较大差异。不同的生产厂家，由于原材料、生产工艺、配方等因素，其产品质量是不同的，相同的生产厂家生产的相同类型、不同批次的产品，其产品质量也存在差异，是不是施工图中应要求进行现场防火涂料耐火极限检验？

答：根据《钢结构防火涂料应用技术规程》T/CECS 24—2020 第 4.2.1 条，钢结构防火涂料进入施工现场后，应核验进场材料产品合格证、产品说明书、检验报告等技术文件。建设单位或监理方可根据工程需要，组织现场见证取样，抽取的样品应送至具备检测资质的省级及以上质检机构进行检验。《建筑钢结构防火技术规范》GB 51249—2017 第 9.2.2 条，预应力钢结构、跨度不小于 60m 的大跨度钢结构的高度不小于 100m 的高层建筑钢结构所采用的防火涂料，在材料进场后，应对其隔热性能进行见证检验。

问题 3：

钢结构屋面支撑二级时，耐火极限为 1h，支撑采用钢筋、圆管时如何刷防火涂料。（屋面支撑刷薄型防火涂料厚度）

答：防火涂料施工方法有四种：喷涂、辊涂、刷涂和刮涂。屋面支撑刷薄型防火涂料可采用喷涂法或刷涂法。

问题 4：

钢结构厂房内做防火墙采用砖砌体对结构不利，防火墙建议出几种有效可行的方案。

答：可采用轻质复合隔墙，《建筑设计防火规范》GB 50016—2014（2018 年版）附表 1 中列出了各种材料及厚度的轻质复合隔墙的燃烧性能和耐火极限，可根据实际情况选用，但应注意轻质复合隔墙的稳定性及连接构造。

第 3 章　消防给水及消防设施

3.1　消防给水及消火栓系统

问题 1：

加油、加气站的站房是否需按民用建筑要求，设置室外消防系统？

答：加油、加气站消防设施的设置应满足《汽车加油加气加氢站技术标准》GB 50156—2021 第 12.1 节、第 12.2 节的要求。

问题 2：

加油、加气、加氢站消防设施及站内配套辅助用房的消防设施如何设置？

答：加油、加气、加氢站消防设施的设置应满足《汽车加油加气加氢站技术标准》GB 50156—2021 第 12 章的要求。当站内配套辅助用房的建筑规模（高度、面积或体积）达到《建筑防火通用规范》GB 55037—2022 规定的需设置消防设施的规模时，应按该规范中的第 8 章要求设置消防设施。

问题 3：

石油化工企业的室外储运设施是否需要按《消防给水及消火栓系统技术规范》GB 50974—2014 第 5.4.2 条设置水泵接合器？《石油化工企业设计防火标准》GB 50160—2008（2018 年版）对此没有明确。

答：其他规范没有明确的水泵接合器有关内容均应按《建筑防火通用规范》GB 55037—2022 第 8.1.12 条、《建筑设计防火规范》GB 50016—2014（2018 年版）第 8.1.3 条、《消防给水及消火栓系统技术规范》GB 50974—2014 第 5.4 节等规范、标准执行。

问题 4：

室内固定消防炮系统是否可以代替室内消火栓系统？一些煤棚的设计，直接用固定消防炮代替室内消火栓，是否有规范依据？《消防设施通用规范》GB 55036—2022 第 7.0.2 条规定：室内固定水炮灭火系统应采用湿式系统。北方严寒寒冷地区，煤棚不采暖，若采用固定水炮灭火系统则需电伴热保温？

答（1）根据《火力发电厂与变电站设计防火标准》GB 50229—2019 第 7.3.2 条，室内储煤场可不设置室内消火栓。而固定消防炮系统是根据本标准第 7.5.6 条设置的，并非代替室内消火栓系统。

（2）固定消防炮灭火系统应按照《消防设施通用规范》GB 55036—2022 第 7.0.2 条规定采用湿式系统。当煤棚不采暖时，可设置电伴热保温。

（3）针对煤棚这一特殊场所，固定消防炮灭火系统可按照《固定消防炮灭火系统设计规范》GB 50338—2003 第 4.1.6 条：当满足系统从启动至炮口喷水时间不大于 5min 时，可设置成干式系统。

问题 5：

屋顶单独设置的风机房、水泵房等设备间是否需要设消火栓系统保护？

答：根据《建筑设计防火规范》GB 50016—2014（2018 年版）附录 A，当占屋面面积不大于 1/4 时，局部凸出建筑屋顶的设备用房、出屋面的楼梯间可不计入建筑高度及建筑层数，不设置消火栓系统；当占屋面面积大于 1/4 时，建筑屋顶上的局部设备用房、出屋面的楼梯间要计入建筑高度及建筑层数，按正常使用楼层设置消防系统，是否设置消火栓系统，应根据《建筑防火通用规范》GB 50036—2022 第 8.1.7 条及《建筑设计防火规范》GB 50016—2014（2018 年版）第 8.2.1 条确定。

问题 6：

《消防给水及消火栓系统技术规范》GB 50974—2014 第 7.4.3 条规定：设置室内消火栓的建筑，包括设备层在内的各层均应设置消火栓。请问"设备层"如何理解？其与架空层、管道层如何区分？对于层高不超过 2.2m 仅用来安装给排水管道的架空层、管道层是否需要设置消火栓保护？

答：（1）设备层是指建筑中专为设置机电设备和管道且供人员进入检修操作的空间层，并通向疏散楼梯。架空层、管道层一般空间较小，仅供敷设管道，层高小于 2.2m，无人员进出的疏散通道和楼梯，只有检修用的人孔。本条中的设备层，不包括架空层、管道层和建筑屋顶上凸出的不超过屋面面积 1/4 的局部设备用房，楼梯间等。

（2）对于层高不超过 2.2m 的架空层、管道层，一般仅供人员检修通行，可不设置消火栓，仅在检修的出入口设置消火栓即可。

问题 7：

单层、多层、高层、超高层民用建筑的架空层、开敞式外走廊是否需要设置消火栓？

答：架空层、开敞式外走廊属于建筑的公共部位，符合《建筑设计防火规范》GB 50016—2014（2018 年版）第 8.2.1 条规定的建筑的架空层、开敞式外走廊内凡具有可燃物且属于适宜用水保护或灭火的场所，均需设置消火栓灭火系统。

问题 8：

某新建洁净厂房一～三层设有技术夹层，其中二层、三层技术夹层未设置室内消火栓，是否可行？

答：(1)《洁净厂房设计规范》GB 50073—2013 第 7.4.3 条：洁净室的生产层及可通行的上、下技术夹层应设置室内消火栓。

(2)《消防设施通用规范》GB 55036—2022 第 3.0.5 条室内消火栓系统应符合下列规定：在设置室内消火栓的场所内，包括设备层在内的各层均应设置消火栓。

(3)《电子工业洁净厂房设计规范》GB 50472—2008 第 8.5.2 条：洁净厂房消火栓的设置应符合下列规定：洁净室（区）的生产层及上下技术夹层（不含不通行的技术夹层），应设置室内消火栓。

(4)《医药工业洁净厂房设计标准》GB 50457—2019 第 10.4.5 条：医药工业洁净厂房的设备层及可通行的技术夹层和技术夹道内应设置消火栓和灭火器。

综上所述，该厂房的技术夹层均应设置室内消火栓。

问题 9：

平战结合的地下室消防设计如何确定？

答：平战结合地下室的消防设计应按平时使用功能确定。

问题 10：

哪些场所为不宜用水扑救的场所？

答：按《建筑设计防火规范》GB 50016—2014（2018 年版）第 8.2.2 条条文说明，存有与水接触能引起爆炸的物质，即遇水能起强烈化学反应发生爆炸燃烧的物质（例如：电石、钾、钠等物质）的场所为不宜用水扑救场所，不应在该部位设消防给水设施，而应采取其他灭火设施或防火保护措施。当实验楼、科研楼内存有少数该类物质时，实验楼、科研楼内其他部位仍应设置室内消火栓。

问题 11：

《建筑设计防火规范》GB 50016—2014（2018 年版）第 8.2.4 条规定人员密集公共建筑和超高层建筑应设消防软管卷盘或轻便消防水龙，是否包括其附属的地下室？

答：根据《建筑设计防火规范》GB 50016—2014（2018 年版）第 5.1.1 条建筑分类，建筑物包括建筑主楼、裙房及其附属的地下室，应按规定设消防软管卷盘或轻便消防水龙。但附属的地下车库按《汽车库、修车库、停车场设计防火规范》GB 50067—2014 执行，可以不设消防软管卷盘；当附属的地下车库为平战结合的人防区域时，根据《人民防空工程设计防火规范》GB 50098—2009 第 7.6.2 条第 6 款规定设置消防软管卷盘。

问题 12：

《建筑设计防火规范》GB 50016—2014（2018 年版）第 8.2.2 条规定“室内无生产、生活给水管道，室外消防用水取自储水池且建筑体积不大于 5000m³ 的其他建筑”可不设室内消火栓系统。设计中常遇到建筑高度小于 15m 且体积介于 5000～10000m³ 但室内生活给水管道齐备、卫生设施齐全的办公楼，是否应设消火栓给水系统？如设应如何确定消防水量？

答：办公建筑不属于《建筑设计防火规范》GB 50016—2014（2018 年版）第 8.2.2 条的范围，应属于第 8.2.1 条的范围。本例可不设室内消火栓系统，但宜设置消防软管卷盘或轻便消防水龙，可不计算流量。

问题 13：

建筑高度小于 15m 且建筑体积小于等于 5000m³ 的老年人照料设施，设有自喷系统，是否可以不设室内消火栓？

答：可以不设室内消火栓，但应设消防软管卷盘。

问题 14：

《建筑设计防火规范》GB 50016—2014（2018 年版）第 8.3.4 条对于幼儿园设置喷淋系统有要求，但是对于是否设置消火栓系统无明确要求，是否可以明确一下设置要求？

答：如幼儿园建筑体积不大于 5000m³，应配置消防软管卷盘；体积大于 5000m³ 的应设置室内消火栓及消防软管卷盘。

问题 15：

建筑高度小于 21m 的住宅设有地下储物间层，储物间层每层建筑面积均大于 500m²，应设自动喷水灭火系统。该地下储物间层是否还应设室内消火栓系统？

答：地下储物间层应设置室内消火栓系统。

问题 16：

一栋建筑地上为建筑高度大于 21m 且小于 27m 的住宅，并且住宅部分设置消火栓确实有困难，设置干式消防竖管。住宅地下室为建筑面积大于 $500m^2$ 的配套储物间，该地下室消火栓系统是否也可采用干式消防竖管？

答：在没有区域消防的情况下，这种做法可行。

问题 17：

建筑底层设置的商业服务网点体积大于 $5000m^3$ 的住宅，当建筑高度≤21m 时，商业服务网点设不设室内消火栓？当建筑高度为大于 21m 且不大于 27m 的住宅，住宅部分因条件限制只能设置干式消防竖管时，底层服务网点是否也可采用干式消防竖管？

答：(1) 当建筑高度≤21m 的住宅底层设商业服务网点时，整体按照建筑高度≤21m 的住宅建筑设计，商业服务网点内可不设置消火栓，当商业服务网点的建筑面积大于 $200m^2$ 时应设置消防软管卷盘。

(2) 当建筑高度为 $21m<H\leqslant27m$ 的住宅建筑底层属于商业服务网点时，整体也按照住宅考虑，底层商业服务网点可采用干式消防竖管；当底层不属于商业网点，而按商业设计时，底层不能采用干式消防竖管。

问题 18：

丙类厂房的室内消火栓箱内是否要设置消防软管卷盘？

答：若该厂房为人员密集场所，宜设置；其他类型厂房规范没有要求，可不设置。

问题 19：

对于耐火等级为一、二级且可燃物较少的单、多层、丁、戊类厂房（仓库）仅设灭火器，不设置消防软管卷盘或轻便消防水龙是否也认为符合规范要求？

答：《建筑设计防火规范》GB 50016—2014（2018 年版）第 8.2.2 条规定：耐火等级为一、二级且可燃物较少的单、多层的丁、戊类厂房（仓库）可不设置室内消火栓系统，但宜设置消防软管卷盘或轻便消防水龙。不设置消防软管卷盘或轻便消防水龙虽然未违反强制性规范，但对于新建建筑，当室内有生活给水或生产给水系统时，建议设置消防软管卷盘或轻便消防水龙。

问题 20：

耐火等级不低于二级且火灾危险性为丁、戊类的单、多层厂房，局部有火灾危险性分类为甲、乙、丙类场所，是否需要全部设置室内消火栓系统？

答：按《建筑设计防火规范》GB 50016—2014（2018 年版）第 3.1.2 条，当局部火灾危险性分类为甲、乙、丙类场所的面积超出规范规定的面积时，应根据规范要求设置室内消火栓。

问题 21：

当电厂危废暂存间、燃气锅炉房、空压机房符合不设室内消火栓的条件时，是否要设消防软管卷盘或轻便龙头？

答：可不设置，但当有潜在储存少量可燃物时，除不宜用水扑救的场所外，宜设消防软管卷盘。

问题 22：

如设置消防软管卷盘，间距如何确定？是否保证消防软管卷盘一股水柱到达室内任何部位，且间距不应大于 30m 即可？消防软管卷盘是否需要设置消火栓报警按钮？

答：（1）消防软管卷盘的间距保证一股水柱达到任何部位即可，仅老年人照料设施内的消防软管卷盘还需要满足间距不大于 30m 的要求。

（2）单独设置的消防软管卷盘，可不设置消火栓报警按钮。

问题 23：

消防软管卷盘、轻便消防水龙如何供水？

答：（1）当建筑内设置有消火栓系统时，消防软管卷盘、轻便消防水龙可设置于消火栓箱体内，由室内消火栓系统供水（老年人照料设施除外）；当无室内消火栓系统时，可由生活给水系统或自动喷水系统供水。

（2）老年人照料设施内的消防软管卷盘供水应与室内供水系统直接连接，即使采用室内消火栓和消防软管卷盘共用箱体时，也应遵守该规定。

（3）当采用室内给水系统供水时，应设置真空破坏器等防回流污染设施。

问题 24：

某多层建筑包括办公楼、地下室和与其相连接的地下车库。其地下室与地下车库相连处设甲级防火门，车库设置消火栓系统，办公部分及其地下室是否也需要同步设置？

答：当地上办公楼及其地下室满足不设消火栓的要求，且地下车库与地上办公楼及其地下室采用防火隔间分隔时，可不设置，否则应设置。

问题 25：

《消防给水及消火栓系统技术规范》GB 50974—2014 第 3.3.2 条：单座建筑总建筑面积如何计算？某项目地下室上有多栋建筑，请问总建筑面积如何计算？

答：单座建筑的总建筑面积＝地上各栋的建筑面积之和＋地下室总建筑面积；单座和单栋是不同的，其中地下室投影线范围内的所有建筑（含地下室）统称为单座建筑；地下室上方的独立建筑称为单栋建筑。

问题 26：

地上建筑的底部与地库连接，地上建筑与地库的安全出口及疏散通道均分开设置，仅电梯能通到地下室，确定消防设计水量时，建筑物的体积应该怎么确定？可否地上建筑与地库分开计算？

答：地上建筑除住宅的室内消火栓设计水量、消防水箱容积等室内消防设施可以分开计算外，其他与地库不可以分开计算，按总体积计算。

问题 27：

对于《消防给水及消火栓系统技术规范》GB 50974—2014 第 3.3.2 条和 3.5.2 条，地下建筑是指独立建造的地下建筑，还是指包含建筑物附属的地下室？

答：地下建筑和建筑地下室是两个不同的概念：建筑地下室是指附建在建筑物地面以下用于建筑物配套机电设施的那部分建筑；地下建筑是指独立建造的地下建筑物，如地铁、隧道、人防工程、地下商场等建筑。地下汽车库按照《汽车库、修车库、停车场设计防火规范》GB 50067—2014 设计，不在上述条款规定的范围内。

问题 28：

地下车库与建筑地下室合建，室内和室外消火栓水量是否按照地下车库和地下建筑分别取流量，然后选大者为设计流量？

答：附建在建筑物内的地下车库，消防设计流量按《汽车库、修车库、停车场设计防火规范》GB 50067—2014 确定。当建筑地下室不仅有汽车库，还有商业等其他功时，应计算地下室总体积，并按汽车库、地下建筑分别计算且取大值作为系统设计流量。

问题 29：

单独的地下建筑作为人防工程用，室内消火栓设计流量按地下建筑还是人防工程选用？

答：仅供人防使用的人防地下建筑，消防设计流量按《人民防空工程设计防火规范》GB 50098—2009 确定。平战结合的人防地下工程，按《消防给水及消火栓系统技术规范》GB 50974—2014 的人防工程、地下建筑分别计算并取大值作为系统设计流量。

问题 30：

建筑室内、外消防水量均依据建筑性质、建筑体积大小确定。地下室与地下室底盘上方的多栋建筑是否可以拆分计算建筑体积？请明确建筑体积计算规则。

答：除《建筑设计防火规范》GB 50016—2014（2018 年版）第 5.4.10 条第 3 款规定的允许室内消防设施配置可以分住宅部分及非住宅部分外，规范中的建筑高度、层数、体积等建筑基础参数均是按整座计算，不能随意拆分。住宅部分及非住宅部分建筑高度的具体计算方法见《建筑设计防火规范》GB 50016—2014（2018 年版）的附录 A。建筑体积应为建筑围合表面内的容积。与地下室连通的建筑，其体积应包括地下室体积。敞开阳台、不封闭的走廊等建筑虽计算建筑面积，但可不计算建筑体积。

问题 31：

多层建筑是否设置消火栓系统需要根据建筑体积计算，建筑体积计算时，是否计算室内外高差？是否计算外墙保温部分的体积？

答：按照建筑专业提资，无地下室从首层室内地面算起，有地下室包括地下室的体积。计算建筑体积时，应计算外墙保温部分的体积。

问题 32：

地上多层建筑的附属地下车库、附属地下设备用房的室内消火栓用水量如何确定？

答：附属地下车库的室内消火栓设计流量按《汽车库、修车库、停车场设计防火规范》GB 50067—2014 确定；附属地下设备用房应根据《消防给水及消火栓系统设计规范》GB 50974—2014 第 3.5.2 条，按地上建筑、地下附属用房总体积计算室内消火栓用水量。

问题 33：

《消防给水及消火栓系统技术规范》GB 50974—2014 第 6.1.11 条第 2 款怎么理解？如果一个小区包括办公、公寓、商业等多种形式，当总建筑面积超过 50 万 m^2，但是居住的面积不超过 50 万 m^2，还按照这一条执行吗？

答：第 2 款规定的最大保护建筑面积 50 万 m^2，是指小区内所有建筑的建筑面积总和。

问题 34：

汽车 4S 店按照什么建筑考虑？内有办公、展厅、修理车间等，车间按照丙类？室内消火栓水量如何选取？

答：汽车 4S 店整体按照公共建筑设计。大开间车辆销售区按展厅设计；车辆维修区和车辆停放区按《汽车库、修车库、停车场设计防火规范》GB 50067—2014 中有关汽车库、修车库的消防用水量计算，取其大值。

问题 35：

多种功能组合的单、多层建筑消火栓设计流量如何确定？

答：(1) 不同使用功能的场所，其防火分区完全独立，室内消火栓设计流量可分别按不同类别的高度、体积和座位数对照《消防给水及消火栓系统技术规范》GB 50974—2014 表 3.5.2 选取，取最大值作为室内消火栓设计流量。

(2) 不同使用功能的场所，未独立设置防火分区，对照《消防给水及消火栓系统技术规范》GB 50974—2014 表 3.5.2 中的不同功能按建筑总高度、总体积和总座位数分别计算，且选取最大值作为室内消火栓设计流量。

(3) 室外消防用水量应按建筑的总体积确定。

问题 36：

根据《消防给水及消火栓系统技术规范》GB 50974—2014 表 3.5.2，建筑体积大于 2.5 万 m^3 的多层商店、图书馆、档案馆等建筑，室内消火栓设计流量为 40L/s。而建筑高度小于 50m 的一、二类高层公共建筑室内消火栓设计流量分别为 30L/s、20L/s，出现了同类型的高层建筑室内消火栓设计流量小于多层建筑的情况。该种情况如何处理？是否按照表 3.5.2 执行？

答：建筑高度小于 50m 的高层商业楼、图书馆、档案馆等建筑，室内、外消火栓系统设计流量均按照 40L/s 取值。

问题 37：

游乐馆、老年人照料设施、幼儿园、非住宿的培训中心、餐饮、网吧、洗浴中心等未列入的建筑室内消火栓用水量应参考《消防给水及消火栓系统技术规范》GB 50974—2014 第 3.5.2 条中哪一类建筑取值？

答：（1）游乐馆等建筑面积小、体积大的单体建筑，消防给水设计流量参照车站类、展览类、航站楼等建筑类别，按建筑体积的参数，同时兼顾游玩人数，参考电影院、体育馆等人数所对应的设计参数，取大值。

（2）老年人照料设施按照病房楼的设计流量取值。

（3）幼儿园按照病房楼的设计流量取值。

（4）非住宿的培训中心按照办公楼、教学楼类建筑的设计流量取值。

（5）餐饮、网吧、洗浴中心等按照商业类建筑的设计流量取值。

（6）售楼部是兼具展示和销售功能的商业建筑，按照商业类建筑的设计流量取值。

问题 38：

既有建筑改造中，当利用城市商业用房改造为“民宿”时，按哪一类建筑进行消防设计？

答：当利用城市公共建筑改造为“民宿”时，实际为特色旅馆，不属于《住房城乡建设部 公安部 国家旅游局关于印发〈农家乐（民宿）建筑防火导则（试行）〉的通知》（建村〔2017〕50 号）范围，应按旅馆建筑进行消防设计。

问题 39：

单、多层的食堂、餐厅的室内消火栓系统设计流量如何取值？

答：学校、机关、企事业单位所属的单、多层非经营性食堂、餐厅等饮食建筑，其室内消火栓设计流量可按照《消防给水及消火栓系统技术规范》GB 50974—2014 表 3.5.2 中“办公楼、教学楼、公寓、宿舍等其他建筑”确定；其他经营性单、多层餐饮建筑应按照表 3.5.2 中“商店建筑”取值。

问题 40：

全民健身中心和学校篮球馆、活动场馆等单、多层公共建筑的室内消火栓设计流量如何确定？

答：全民健身中心和学校篮球馆、活动场馆等单、多层公共建筑的室内消火栓设计流量应按照《消防给水及消火栓系统技术规范》GB 50974—2014 表 3.5.2 中“体育馆建筑”确定。

问题 41：

请问如下建筑单体的室内消火栓系统如何设计？

（1）底层每个商业分隔建筑面积不超 300m²，二至六层为住宅，高度为 22m。

（2）底层个别商业分隔建筑面积超 300m²，二至六层为住宅，高度为 22m。

答：（1）该项目为住宅建筑。建筑高度的具体计算方法见《建筑设计防火规范》GB 50016—2014（2018 年版）的附录 A，由于其建筑高度大于 21m，根据《建筑防火通用规范》GB 55037—2022 第 8.1.7 条，应设室内消火栓。

（2）可拆分为住宅及非住宅两部分计算室内消防水量并取大值。由于其建筑高度大于 21m，根据《建筑防火通用规范》GB 55037—2022 第 8.1.7 条，住宅应设室内消火栓。底层商业应根据《建筑防火通用规范》GB 55037—2022 第 8.1.7 条确定是否需要设置室内消火栓。

问题 42：

假设有一栋高度 22m 的住宅楼，一层是层高 5m 的商场，面积 1200m²，即体积 V＝6000m³；二层以上是住宅，住宅部分总高度 17m。单独按首层商业计，体积大于 5000m³，需设室内消火栓，用水量为 15L/s；单独计算住宅部分高度，高度小于 21m，可不设室内消火栓。是否该栋建筑仅首层商业设室内消火栓即可？

答：本项目属于商业与住宅合建建筑，可拆分为住宅及非住宅两部分计算室内消防用水量并取大值。非住宅（商业）部分的室内消火栓用水量为 15L/s。住宅部分由于其建筑高度大于 21m（5m＋17m），根据《建筑防火通用规范》GB 55037—2022 中的 8.1.7-3，应设室内消火栓，室内消火栓用水量为 5L/s。

问题 43：

底部为商业，上部为住宅的高层建筑，其室内、外消防用水量如何确定？

答：（1）如果底部商业定性为商业服务网点，整体可按高层住宅进行设计。

（2）如果底部商业超过商业服务网点范畴，应按商业建筑和高层住宅分别计算室内消火栓用水量，取其大值。

（3）室外消火栓用水量可根据建筑的总体积按照高层商业建筑进行设计。

（4）若此时的室内、外消火栓系统火灾延续时间不同，应按照二者之间的较大值取值。

问题 44：

《消防给水及消火栓系统技术规范》GB 50974—2014 第 3.6.1 条，大型住宅小区项目，地块内整体设地下室、地上有多座住宅塔楼、商业公建等，该项目的室、内外消防用水量如何计算？

答：当一个系统防护多个建筑或构筑物时，一次消防用水量的计算，需要以各建筑或构筑物为单位分别计算，取其中的最大者为消防系统的用水量。注意这不等同于室内最大用水量和室外最大用水量的叠加。

室外消防用水量应以单座建筑进行计算，计算整座建筑的面积及体积，并按《消防给水及消火栓系统技术规范》GB 50974—2014 第 3.3.2 条的建筑物用途、体积、耐火等级确定室外消防用水量。当这些建筑的面积之和大于 50 万 m^2 时，室外消防设计流量应按表 3.3.2 增加一倍。

问题 45：

《消防给水及消火栓系统技术规范》GB 50974—2014 第 3.5.3 条中的“全保护”如何判断？若某住宅楼，住宅部分仅设有室内消火栓系统，地下室部分设有自动水灭火系统加消火栓系统，该建筑（住宅加地下室）属于自动水灭火系统全保护吗？

答：全保护是指整个建筑均设有自动灭火的情况，该建筑地下室设有自动喷水灭火系统，但住宅未设自动水灭火系统，不算全保护。但涉及折减室内消火栓设计流量时，适用于改造工程，新建工程不宜折减。

问题 46：

丙类厂房，建筑高度小于 24m，内设一丙类中间仓库，中间仓库部分体积大于 5000m^3，厂房部分体积也大于 5000m^3。室内消火栓用水量如何考虑？

答：按两种功能分别计算整座建筑的总体积，查《消防给水及消火栓系统技术规范》GB 50974—2014 第 3.5.2 条，得出两种功能各自对应的用水量，取两者大值。

问题 47：

一栋多层厂房内同时有丙类和甲类的生产车间，如何计算室内外消火栓设计流量？

答：由于丙类车间的室内外消防设计流量不小于甲类车间，除了丙类车间的建筑面积比例小于 5%外，应按丙类厂房类别、厂房的总体积进行计算室内、外消火栓设计流量。

问题 48：

自动跟踪定位射流灭火系统与室内消火栓系统、自动喷水灭火系统合用时，自动跟踪定位射流灭火系统消防用水量是否需叠加计算？自动跟踪定位射流灭火系统与自动喷水灭火系统用水量是否进行比较取大值？

答：应按《消防给水及消火栓系统技术规范》GB 50974—2014 第 3.6.1 条计算，室内消火栓系统、自动喷水灭火系统与自动跟踪定位射流灭火系统同时作用时，应叠加计算用水量；如自动跟踪定位射流灭火系统与自动喷水灭火合用系统不同时作用，应比较二者用水量取大值。

另外，根据《自动喷水灭火系统设计规范》GB 50084—2017 第 10.2.1 条及《自动跟踪定位射流灭火系统技术标准》GB 51427—2021 第 4.5.2 条的要求，自动喷水灭火系统与自动跟踪定位射流灭火系统均宜设置独立的消防水泵和供水管网。对于新建建筑应设置独立系统。

问题 49：

《消防给水及消火栓系统技术规范》GB 50974—2014 第 3.6.2 条规定综合楼火灾延续时间按 3h 计，但该规范及《建筑设计防火规范》GB 50016—2014（2018 年版）中均无“综合楼 ”的定义，如何界定综合楼？

答：综合楼是指由两种或两种以上使用功能组成的公共建筑（不包括住宅与一种其他用途的建筑合建的情况）。根据《建筑设计防火规范》GB 50016—2014（2018 年版）第 1.0.4 条的条文说明，建筑内有几种用途判定标准为：看不同使用性质的房间是否属于为同一使用功能服务的配套用房，若是就可以认定为同一使用功能，否则为另一使用功能。按《消防给水及消火栓系统技术规范》GB 50974—2014 第 3.6.2 条，多层综合楼火灾延续时间为 2.0h，高层综合楼火灾延续时间为 3.0h。

问题 50：

裙房为商业或商业与办公组合，上部为住宅的高层建筑，消火栓系统火灾延续时间如何确定？

答：按 3h 取值。

问题 51：

宾馆、酒店建筑的消火栓系统火灾延续时间如何确定？

答：多层和建筑高度不大于 50m 的高层宾馆、酒店均为 2h；建筑高度大于 50m 的普通酒店为 2h；建筑高度大于 50m 的高级酒店为 3h。四星及以上星级的酒店、四级及以上级别的旅馆建筑按“高级酒店”判定。

问题 52：医疗建筑、老年人照料设施的消火栓系统火灾延续时间如何确定？

答：医疗建筑为 2h，多层老年人照料设施为 2h，高层老年人照料设施为 3h。

问题 53：高层教学综合楼（既有教学功能，又有教师办公功能，还有学生会堂）的消火栓系统火灾延续时间如何确定？

答：此类建筑消火栓系统火灾延续时间按 3h 计算。

问题 54：邮政楼、机动车停车库、修车库等建筑的消火栓系统火灾延续时间如何确定？

答：邮政楼按 3h，机动车停车库、修车库（独立和附属）均按 2h。

问题 55：一类高层住宅楼（建筑高度 99.5m），其底部设有三层商业（层高 4.5m，三层商业建筑面积共计 4800m²，商业部分体积 21600m²）。问：该建筑室内外火灾延续时间如何确定？消火栓设计流量如何确定？屋顶消防水箱容积如何取值？是否要设自动喷水灭火系统？

答：（1）该项目属于住宅建筑与其他使用功能的建筑合建，室外按高层商业楼确定消火栓火灾延续时间，为 3.0h；室外消火栓设计流量需根据该建筑总体积进行计算。

（2）根据《建筑设计防火规范》GB 50016—2014（2018 年版）第 5.4.10 条第 3 款规定，该项目住宅和商业的室内消防设施可按住宅建筑和公共建筑分别计算设置。问题所述项目的室内消火栓火灾延续时间：高层住宅为 2.0h，多层商业为 2.0h，因此该项目室内消火栓火灾延续时间为 2.0h。但此时出现了同一建筑室内、外消火栓系统火灾延续时间不同的情况，考虑到同一建筑室内、外消火栓系统火灾延续时间应取一致，故此时室内消火栓系统火灾延续时间应按 3h 取值。室内消火栓设计流量：高层住宅为 20L/s，多层商业为 25L/s，因此该项目室内消火栓系统设计流量为 25L/s。

（3）屋顶消防水箱有效容积：住宅为 18m³，多层商业（建筑面积小于 10000m²）为 18m³，因此该项目消防水箱有效容积为 18m³。

（4）该项目商业的建筑面积大于 3000m²，商业部分应设自动喷水灭火系统。高层住宅建筑高度不大于 100m，住宅的公共部位及户内均可不设自动喷水灭火系统。

问题 56：

《消防给水及消火栓系统技术规范》GB 50974—2014 第 3.2.2 条，对于超大单座建筑，若人数超过 2.5 万人，应按一起火灾，还是两起火灾？本条是否仅适用于市政消防给水设计，并不适用于民用建筑消防设计？

答：《消防给水及消火栓系统技术规范》GB 50974—2014 第 3.2.2 条仅适用于市政消防给水设计，不适用于单座建筑消防设计。单座建筑按一起火灾考虑，但应注意《消防给水及消火栓系统技术规范》GB 50974—2014 第 6.1.11 条对建筑群共用一套临时高压给水系统有要求，《消防给水及消火栓系统技术规范》GB 50974—2014 第 3.3.2 条注 4，当单座建筑的总建筑面积大于 50 万 m^2 时，建筑物室外消火栓设计流量应按本表规定的最大值增加一倍。

问题 57：

建筑小区室外生活、消防合用管道采用两路市政进水时，倒流防止器如何设置？

答：建筑小区室外生活、消防合用管网并采用两路市政进水时，两条引入管处均应设置倒流防止器。

问题 58：

从市政环状管道的一条供水管上接两根引入管，中间设有分段阀门，是否可以判定为两路进水？

答：当满足“市政给水厂至少有两条输水干管向市政给水管网输水”和“市政给水管网为环状管网”这两个前置条件时，从市政供水环网的一条供水管上接两根引入管且中间设有分段阀门的做法，可以判定为两路进水；当不满足上述前置条件时，应判定为一路进水；当两根引入管中间未设分段阀门的，也应判定为一路进水。

问题 59：

针对《消防给水及消火栓系统技术规范》GB 50974—2014 第 8.1.2 条、第 8.1.4 条、第 6.1.3 条中关于环状管网、支状管网、一路供水、两路供水的要求是否理解为一栋建筑可以采用枝状供水，两栋及以上应采用环状管网供水，如没有满足两路进水的条件时应设置消防水池。（消防水池设置要求第 4.3.1 条第 2 款“当采用一路消防供水或只有一条入户引入管，且室外消火栓设计流量大于 20L/s 或建筑高度大于 50m ）。

答：按照《消防给水及消火栓系统技术规范》GB 50974—2014 编制内容，

设计流程应是：设计参数—消防水源—供水设施—给水形式—消火栓系统—管网—控制与操作。因此，先看市政水源情况，判断是否要设消防水池。市政给水管网能满足《消防给水及消火栓系统技术规范》GB 50974—2014 第 4.3.1 的所有规定，确定不设消防水池的建筑只能是建筑高度 54m 以下的住宅和体积不大于 5000m³ 的单、多层建筑且室外消火栓管网由市政给水管网一路供给。满足《消防给水及消火栓系统技术规范》GB 50974—2014 第 8.1.2 时，消防给水管网应是环状管网。

问题 60：

如附图 3.1.60 消火栓系统形式是否为环状布置？

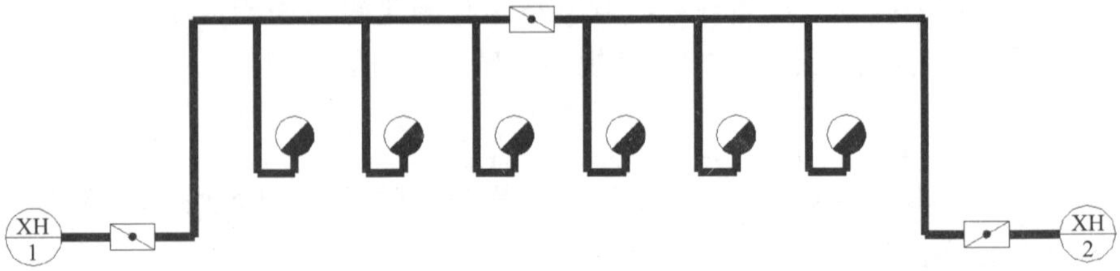

图 3.1.60　消火栓系统形式

答：在室内消防用水量不大于 20L/s 时，若两个入口均与室外的环状管网连接，可视为环状供水。

问题 61：

针对《消防给水及消火栓系统技术规范》GB 50974—2014 第 8.1.5 条第 1 款及第 5.1.10 条，是否可以理解为：建筑高度 54m 以下住宅建筑，室内消防水泵可以不设置备用泵？上述条款中，仅指的是该类建筑中的室内消火栓泵可以不备用，还是包括该类建筑中的室外消火栓泵、喷淋泵都可以不备用？

答：建筑高度 54m 以下住宅建筑，室内消防水泵可以不设置备用泵，但消防水泵应设两条吸水管。

消防水泵包括室外消火栓泵、喷淋泵，该类建筑中室外消火栓泵和喷淋泵也可不设备用泵。

问题 62：

建筑高度不超 54m 且每单元设置一部疏散楼梯的住宅楼每层可以设一个消火栓，是否可采用一根室内消火栓给水立管？还是需按照《消防给水及消火栓系统技术规范》GB 50974—2014 第 8.1.5 条规定消火栓超过 10 个就要成环状，需要设 2 条立管成环？

答：需要设 2 条立管成环，应满足《消防给水及消火栓系统技术规范》GB 50974—2014 第 8.1.5 条要求。

问题 63：

某电厂网络继电器楼、化学楼室外消火栓设计流量为 15L/s，且室内消火栓为 6 个，根据《消防给水及消火栓系统技术规范》GB 50974—2014 第 8.1.5 条规定，当室外消火栓设计流量不大于 20L/s，且室内消火栓不超过 10 个时，可布置成枝状。该项目室内消火栓管道是否需环状布置？消防立管需不小于 *DN*100？

答：若该项目不是采用设有高位消防水箱的临时高压消防给水系统时，室内消火栓管道可枝状布置。消防立管不应小于 *DN*100（不包括连接单个消火栓的支管）。

问题 64：

《消防给水及消火栓系统技术规范》GB 50974—2014 第 4.2.2 条第 2 款："市政给水管网应为环状供水"，如近期市政管网为枝状，远期成环状，设计条件是否可按远期考虑？

答：设计条件应按项目竣工使用时的市政情况进行考虑。

问题 65：

室外消火栓平时运行工作压力是否按照《消防给水及消火栓系统技术规范》GB 50974—2014 第 7.2.8 条对市政消火栓的要求？

答：是的。

问题 66：

《消防给水及消火栓系统技术规范》GB 50974—2014 第 4.2.2 条中关于"两路消防供水的市政给水管网"的要求和第 4.3.5 条中的"消防水池应采用两路消防给水"是同一概念吗？是否不满足要求的市政水源，均需将室外消防用水量储存于消防水池中。

答：这两路供水是同一概念。不能满足市政两路供水要求时，需将室外消防用水量储存于消防水池中，室外消防给水应采用临时高压系统。消防水池不满足两路消防供水要求时，不应考虑火灾时的连续补水量。

问题 67：

当市政消火栓完全满足建筑室外消火栓布置要求（保护半径 150m 内）时，可否直接保护该建筑，不再另行设置建筑室外消火栓？

答：（1）建筑物不设消防水泵接合器时，建筑物外墙 5～150m 范围内的市政消火栓可计入建筑物室外消火栓；建筑物设消防水泵接合器时，建筑物外墙5～40m 范围内的市政消火栓可计入建筑物室外消火栓。

（2）当市政给水管网为环状时，符合本条上述条件的室外消火栓出流量可计入建筑室外消火栓设计流量。

（3）当市政给水管网为枝状时，在满足规定距离的条件下，计入建筑的室外消火栓设计流量不宜超过一个市政消火栓的出流量。

问题 68：

《消防给水及消火栓系统技术规范》GB 50974—2014 第 6.1.5 条，距建筑外缘 5～150m 的市政消火栓可计入建筑室外消火栓数量。此处建筑外缘如何定义？150m 是无遮挡的直线距离、人行走距离，还是 150m 画圈保护圆半径？

答：建筑外缘可理解为建筑外墙。距离应按人行走距离计算。市政道路不同侧的消火栓不宜计入。

问题 69：

《消防给水及消火栓系统技术规范》GB 50974—2014 第 7.2.5 条和 7.3.2 条："市政消火栓的保护半径不应超过 150m，间距不应大于 120m"。这里的 150m 和 120m 是半径画圆还是按实际的行走路线长度？

答：保护半径不超过 150m 是指以其为半径画圆的保护范围，已考虑消防水龙带的折减。120m 的间距是指直线距离。

问题 70：

室外消防给水总图中消防水泵接合器集中布置于一处，如消火栓系统接合器 3 个（按流量 40L/s），自喷系统接合器 3 个（按流量 40L/s），其附近 15～40m 范围内是否需布置 6 个室外消火栓？

答：《消防给水及消火栓系统技术规范》GB 50974—2014 没有条文规定室外消火栓与消防水泵接合器要一一对应设置，但应避免消防水泵接合器过分集中布置，宜均匀布置。若集中设置时，每个设置点、每个系统、每个分区设置的水泵接合器不宜多于 2 个。

问题 71：

《消防给水及消火栓系统技术规范》GB 50974—2014 第 5.4.3 条每种系统的水泵接合器计算数量超过 3 个时，可根据供水可靠性适当减少，如何理解供水可靠性？

答：本规范第5.4.4条～5.4.9条都是可靠性的规定；消防水泵接合器多栋建筑共用、分散设置后，总数量超过3个一般不应考虑减少。当单栋建筑每个分区的水泵接合器计算数量超过3个且场地受限时，可设置3个（最多4个）。理由是：每辆消防车的供水流量一般为10～15L/s，每个水泵接合器流量也是10～15L/s；3个水泵接合器放在同一位置时，需对应停放3辆消防车，停放场地可能会存在困难；当设置3个水泵接合器时，可供流量40～45L/s，一般室外消防用水量最大为40L/s，因此超过3个时可适当减少。

问题72：

《消防给水及消火栓系统技术规范》GB 50974—2014第5.4.4条，临时高压消防给水系统向多栋建筑供水时，消防水泵接合器应在每座建筑附近就近设置。距离多少米可算在该建筑附近设置了消防水泵接合器？

答：消防水泵接合器距建筑物外墙的行走距离不大于40m可视为已设置，即不大于2盘水带的长度。同时，消防水泵接合器应设在便于消防车停靠和消防员使用的地点。

问题73：

《消防给水及消火栓系统技术规范》GB 50974—2014第5.4.4条，消防水泵接合器应在每座建筑附近就近设置；第5.4.6条，在消防车供水压力范围内的分区，应分别设置水泵接合器。如果消火栓系统采用减压阀分区，按分区设水泵接合器则水泵接合器数量会很多，此条是否需按规范严格执行？如水泵接合器需分区设置，喷淋系统是否一旦设置了减压阀就需在阀后设置水泵接合器？

答：在阀前压力超过1.2MPa，采用先导式减压阀分区时，可仅在高区设置水泵接合器；当采用比例式减压阀时，应按规范严格执行，在消防车供水范围内，每个分区每个消防系统均需设水泵接合器。

若一栋建筑喷淋系统设置有多个报警阀组，其中，某些报警阀组前设置有减压阀组，但其余报警阀组前未设减压阀组，此时可将水泵接合器接至减压阀组之前的喷淋供水干管上。

问题74：

《消防给水及消火栓系统技术规范》GB 50974—2014第7.3.5条停车场的室外消火栓宜沿停车场周边设置，且与最近一排汽车的距离不宜小于7m，该处“停车场”是否包含住宅小区和办公楼的室外停车场？

答：《汽车库、修车库、停车场设计防火规范》GB 50067—2014中的停车场是指为社会车辆提供服务的公共停车场，一般项目、单位内临时道路或根据场地情况配置的停车位不包含在内。

问题 75：

室外消火栓与市政自来水合用的给水系统，市政自来水引入管的流速按多少来控制？此流速用以计算引入管管径的大小。

答：引入管管径应根据市政给水管网压力、管径、项目用水量等经水力计算确定，当计算条件不具备时，市政引入管的平均流速宜按不大于 1.5m/s 考虑。

问题 76：

台阶式建筑的室外消火栓是否可只在高处或者低处地坪一侧设置？

答：满足《建筑设计防火规范》GB 50016—2014（2018 年版）附录 A.0.1 规定的台阶式建筑，高、低两处地坪均应分别设置室外消火栓。高、低两处地坪的消火栓数量（总供水量）、布置应分别满足各自服务建筑的室外消防用水量要求。

问题 77：

室内、室外消火栓系统合用管网，其管网、水泵接合器和室外消火栓如何设置？建筑的室内消火栓引入管上是否要设止回阀？

答：（1）临时高压消防合用系统可以合用水泵和管网，只设一套消防泵和一管网，也可以合用加压泵，管网分设。

（2）建筑群如采用室内外消防合用管网，且设有水泵接合器时，原则是要确保通过水泵接合器进入室内管网的水不能回流至室外管网，建筑室内引入管上应设置止回阀，水泵接合器出水管应接在止回阀下游；若设有高位消防水箱时，高位消防水箱的出水管要单独接管进入室外合用管网。室外消火栓可直接连接在合用消防管网上。若室外管网超压时，应选用减压型室外消火栓。

问题 78：

室内、室外消火栓系统均采用临时高压系统，可以共用一套消防泵组吗？若采用合用系统，稳压装置气压罐容积如何确定？若分开设置时，室外消火栓系统稳压装置如何设置？

答：根据《消防给水及消火栓系统技术规范》GB 50974—2014 第 6.1.6 条，当室内、室外消火栓系统均采用临时高压系统时，可以共用一套消防泵组，也可以按照室内、外消火栓系统分别设置消防泵组。

当采用室内、室外消火栓合用系统时，根据该规范第 5.3.4 条，稳压装置气压罐有效储水容积不宜小于 150L；

当室内、室外消火栓系统分别设置消防泵组时，室外临时高压系统需要设稳压系统，宜采用稳压泵，不宜采用高位消防水箱稳压。稳压装置气压罐有效储水容积不宜小于 150L。

问题 79：

是否登高操作场地 40m 附近最好应有两个以上室外消火栓？为给供水车辆留有停车位置和空间，消防水泵接合器应设在距离登高作业面足够远处，由消防车供水。消防车给水泵接合器供水时，不占用登高车的操作场地，以不影响登高作业面为准。这个理解是否准确？

答：《消防给水及消火栓系统技术规范》GB 50974—2014 第 7.3.3 条，建筑消防扑救面一侧的室外消火栓数量不宜少于 2 个，但没有明确距离要求，可按消防扑救场地在 40m 范围内至少有 1 个室外消火栓，另外 1 个室外消火栓设置在可视范围内，且两个室外消火栓间距不应大于 120m。水泵接合器的设置，应不影响消防登高车操作场地的正常使用，消防车给水泵接合器供水时，不应占用登高操作场地和影响消防登高车操作。另外，当建筑一侧设有多个扑救场地时，室外消火栓可设于扑救场地之间，供相邻扑救场地使用，室外消火栓不应设置于消防扑救场地内。

问题 80：

依据《消防给水及消火栓系统技术规范》GB 50974—2014 第 8.2.4 条的管材推荐，室外埋地管宜采用钢丝网骨架塑料复合管；针对室外消火栓管道与室外生活给水管道合用的情况下，管材采用 PE80 管（1.25MPa）是否可行？

答：在满足压力、流量要求的前提下，可以采用 PE 管，但应注意管道连接方式的安全性，宜采用电熔连接。

问题 81：

《消防给水及消火栓系统技术规范》GB 50974—2014 第 8.2.5 条埋地消防管连接，其卡箍接口并未要求放于井内，设计可否不执行水暖施工规范中放于井内的要求？

答：埋地消防钢管及卡箍接口连接按《消防给水及消火栓技术规范》GB 50974—2014 第 8.2.13 要求，管外壁采用防腐措施（两布三油），建议卡箍接口连接螺栓采用球墨铸铁螺栓或不锈钢螺栓，外涂焦油沥青后，采用 PE 薄膜缠绕防腐。

问题 82：

《消防给水及消火栓系统技术规范》GB 50974—2014 第 8.2.9 条，管径大于 *DN*50 的管道需要采用沟槽式连接，对室内消火栓支管影响比较大，是否可以放宽到大于 *DN*70？

答：连接单个消火栓的 *DN*70 支管可采用丝扣连接，其他架空敷设的管道，管径大于 *DN*50 时应采用沟槽式连接。

问题 83：

消防给水系统给水管材及阀门的压力等级如何确定？按管材压力等级大于系统工作压力还是试验压力确定？对于采用减压阀减压供水方式的系统，减压阀后管道管材及阀门压力等级如何确定？

答：(1) 按管材压力等级不小于系统工作压力确定。

(2) 减压阀后的管材及阀门压力等级可按减压阀后的系统工作压力选择，但应大于减压阀后安全阀的动作压力值。

问题 84：

通过转输泵、转输水箱进行转输的消防传输系统的工作压力如何确定？

答：按转输泵额定工作压力计算，可不考虑转输泵零流量时的压力。

问题 85：

如何理解《消防给水及消火栓系统技术规范》GB 50974—2014 第 6.2.4 条第 3 款"每一供水分区应设不少于两组减压阀组，每组减压阀组宜设置备用减压阀"？环状管网供水需共设 4 组减压阀组吗？

答：枝状管网供水管上减压阀组应设置备用减压阀，用于分区的环状管网供水管上减压阀组宜设置备用减压阀。从环状管网上引出的报警阀两个接口之间设置阀门时，每根管道上设置的减压阀，可不设置备用。

问题 86：

《消防设施通用规范》GB 55036—2022 第 3.0.6 条、《消防给水及消火栓系统技术规范》GB 50974—2014 第 8.3.5 条，当消防给水系统采用有空气隔断的倒流防止器时，该倒流防止器应设在清洁卫生的场所，其排水口应采取防止被水淹的技术措施。该如何执行？当倒流防止器设在室外阀门井内，阀门井采用严格防水做法，能否满足本条要求？

答：压力型倒流防止器应设在卫生清洁的地方，且宜设在室内，地面应有排水设施，倒流防止器排水口末端高于地面不宜小于 200mm。当倒流防止器设在室外阀门井内时，若其排水口末端高于井室地面不小于 200mm，阀门井内设有集水坑，且阀门井采用严格防水做法时，可以满足本条要求。

问题 87：

《消防给水及消火栓系统技术规范》GB 50974—2014 第 6.2.1 条第 2 款，消火栓栓口处静压大于 1.0MPa 时，消防给水系统应分区供水，这个静压是否要考虑稳压泵的扬程？还是只考虑系统单独的静压？

答：应考虑稳压泵的扬程，按照系统准工作状态时的压力确定。

问题 88：

室内消火栓系统可以采用水平环网布置吗？如果可以，环网、环网上的阀门应如何设置？接消火栓箱的短管与环网连接处是否需加设阀门？

答：（1）室内消火栓系统宜采用竖向环网布置方式，当确有困难时可采用水平环网布置（如单层建筑、汽车库、厂房、仓库、多层业态不同的商业建筑等），并且，当采用多层水平环网时，在条件允许的情况下尽量多设竖管。

（2）当采用水平环网布置时，室内消火栓系统阀门、管网的设置应保证每个防火分区在检修时仍有必要的消防用水，可以每 5 个消火栓设一个水平环管阀门，无需每个消火栓加设检修阀。但应保证在检修时，每个防火分区至少有一支消防水枪的一股充实水柱能到达室内任何部位。

问题 89：

《消防给水及消火栓系统技术规范》GB 50974—2014 第 8.1.6 条对消防管道检修做出规定，对于单层和二层建筑的消火栓布置未做出规定，应如何布置？

答：超过 2 层的建筑，消火栓应设置竖管，竖管上、下端接水平环管处设置阀门。1 层和 2 层建筑消火栓可设置水平环管，水平环管上两个阀门间连接消火栓数不大于 5 个。

问题 90：

有些项目为了追求美观，要求设计师将地下车库通道处的室内消火栓调整到柱后侧向安装，是否判定为不便取用？

答：当有车停放时，属于不便取用。

问题 91：

针对近几年出现的车库结构采用大小柱跨，靠近车行道布置的柱子断面通常在 500mm 左右，不能在柱子前面放置消火栓，放置在柱子后与车位平行位置可能存在消火栓箱打开角度受限等问题。对待此类情形，消火栓布置采用何种措施或原则？

答：应在正面设置，可以设计成宽度 500mm 左右的非标消火栓箱。

问题 92：

消火栓箱在防火墙、防火隔墙、隔墙上暗装时，开洞处应如何处理？

答：消火栓箱不应在防火墙上暗装，如确需暗装，则应对开洞部位做满足相应墙体的耐火极限要求处理。防火隔墙上可以暗装，但对开洞部位消火栓背面墙体的耐火极限需满足防火要求。隔墙上开洞可不做特殊防火处理。

问题 93：

对于住宅建筑，建筑专业往往将疏散走道、消防电梯前室宽度按照最小宽度来设置。当室内消火栓箱无法暗装时，无法避免会突出墙面占用其宽度，如何解决？

答：室内消火栓箱的布置应考虑其箱门关闭状态下对疏散宽度、消防电梯前室净尺寸的影响，设计时应严格执行 2400mm 净距的要求。前室存在长短边时，消火栓宜设置在长边。

问题 94：

《消防给水及消火栓系统技术规范》GB 50974—2014 第 7.4.6 条，室内消火栓的布置应满足同一平面有 2 支消防水枪的 2 股充实水柱同时达到任何部位的要求……请问：室内消火栓的布置是否不必保证每个防火分区同层的任何一点有两股水枪的充实水柱，而只需满足同层（同一平面）有两股充实水柱即可？

答：(1) 室内消火栓按“同层（同一平面）”而不是“同一防火分区”有两股充实水柱同时到达任何部位的原则布置。

(2) 相邻两个防火分区之间的防火墙上设有防火门时，室内消火栓可以穿过防火门跨区借用，但不宜计算在该防火分区的室内消火栓数量内。

(3) 相邻两个防火分区之间只有防火卷帘或者防火墙无防火门时，室内消火栓不应跨区借用。

问题95：

《消防给水及消火栓系统技术规范》GB 50974—2014 第7.4.6条，室内消火栓的布置应满足同一平面有2支消防水枪的2股充实水柱同时达到任何部位的要求。此处的“任何部位”具体定义是什么？若一座单层厂房净高20m，能否满足？

答：一般来讲，本条“任何部位”包含屋顶。但是在计算的栓口动压超过0.7MPa时，仍按照0.7MPa取值，此时可不考虑屋顶保护。

问题96：

《消防给水及消火栓系统技术规范》GB 50974—2014 第7.4.12条第2款，高层建筑、厂房、库房和室内净空高度超过8m的民用建筑等场所，消火栓栓口动压不应小于0.35MPa，且消防水枪充实水柱应按13m计算；其他场所，消火栓栓口动压不应小于0.25MPa，且消防水枪充实水柱应按10m计算。请问：对于多层建筑，局部非最不利点空间净高大于8m，在确定消火栓栓口动压时，是按该楼最不利处的消火栓动压不小于0.35MPa，还是按最不利处的消火栓动压不小于0.25MPa？且要满足净高大于8m处的消火栓栓口动压不小于0.35MPa吗？

答：对于多层建筑，当局部非最不利点净空高度大于8m时，按最不利处的消火栓栓口动压不小于0.25MPa计算，且要满足净高大于8m处的消火栓栓口动压不小于0.35MPa。

问题97：

室内消火栓设计流量是按照《消防给水及消火栓系统技术规范》GB 50974—2014 第3.5节室内消火栓设计流量的标准取值确定，还是按照消火栓口要求的动压计算结果值？

答：室内消火系统的设计流量按《消防给水及消火栓系统技术规范》GB 50974—2014 第3.5节室内消火栓设计流量的标准取值确定，不按消火栓口要求的动压计算结果取值。

问题98：

公建或者住宅楼首层为若干互不相通的单间商铺组成，且每间商铺独立开门向室外，其室内消火栓的设置原则是什么？

答：(1) 当为商业网点时，按《消防给水及消火栓系统技术规范》GB 50974—2014 第7.4.15条执行，室内消火栓应至少满足一股充实水柱到达室内任何部位，并宜设置在户门附近。当商业服务网点隔间内的上层不超出其保护距离时，可设置在一层商业服务网点隔间内，隔间内的上层可不设室内消火栓，但该室内消火栓不再计入其他商业网点消火栓使用数量。

（2）当为设在住宅首层的普通商业时，其室内消火栓的设置原则与公建首层商铺相同，应执行《消防给水及消火栓系统技术规范》GB 50974—2014 第 7.4.6 条"室内消火栓的布置应满足同一平面有 2 支水枪的 2 股水柱到达任何部位的要求"的规定。不必每家都设置两处消火栓，可一家商铺在门口只设置一处消火栓，相邻各家可以相互借用。

问题 99：

若一座地下车库为地下 2 层，地面至－1 层的车道为室外，－1 层至－2 层车道为室内。请问：－1 层至－2 层的车道内是否要设置室内消火栓？

答：在车道的两端设置消火栓即可，车道内部可以不设消火栓。

问题 100：

开闭所、消防控制室、变配电房、弱电机房等强弱电房，是否需按《消防给水及消火栓系统技术规范》GB 50974—2014 第 7.4.6 条满足两股充实水柱同时到达？

答：根据《消防给水及消火栓系统技术规范》GB 50974—2014 第 7.4.3 条、第 7.4.6 条，需要满足两股充实水柱同时到达。

问题 101：

《消防给水及消火栓系统技术规范》GB 50974—2014 第 7.4.6 条，工业厂房内的配电室是否需要 2 支水枪同时到达？一层设有直通室外开门的房间是否需要 2 支水枪同时到达？

答：均要满足 2 支水枪的 2 股水柱同时到达。

问题 102：

对二类高层住宅及需设置消火栓的多层住宅，地上为住宅，地下为戊类储藏室，地上部分室内消火栓的布置满足同一平面一支消防水枪的充实水柱同时到达任何部位，地下室部分按一股还是两股充实水柱保护？

答：地下室部分为非住宅功能，应按 2 支消防水枪的 2 股充实水柱同时达到任何部位的要求设置消火栓。

问题 103：

《消防给水及消火栓系统技术规范》GB 50974—2014 第 7.4.7 条第 2 款，高层住宅消火栓能否设在封闭楼梯间或防烟楼梯间内？

答：可设在封闭楼梯间或防烟楼梯间内，此消火栓可穿越防火门参与其他部位灭火。

问题 104：

《消防给水及消火栓系统技术规范》GB 50974—2014 第 7.4.12 条，消火栓栓口动压力不应大于 0.5MPa，当大于 0.7MPa 时必须设置减压装置。请问：若栓口动压力为 0.5～0.7MPa，是否应设减压装置？

答：在满足灭火要求的前提下，消火栓栓口动压力大于 0.5MPa 时，应设减压装置。

问题 105：

《消防给水及消火栓系统技术规范》GB 50974—2014 第 7.4.12 条说明，室内消火栓栓口压力不应大于 0.5MPa；《火力发电厂与变电站设计防火标准》GB 50229—2019 第 7.4.2 条说明，带电设施附近的消火栓应配置喷雾水枪；而喷雾水枪的额定设计压力为 0.6MPa，此种情况应如何处理？

答：选用无后坐力消火栓，栓口压力不大于 0.7MPa，满足喷雾水枪的额定设计压力 0.6MPa 要求。

问题 106：

《消防给水及消火栓系统技术规范》GB 50974—2014 第 7.4.15 条，“跃层住宅和商业网点的室内消火栓应至少满足一股充实水柱到达室内任何部位，并宜设置在户门附近”。请问：本条与第 7.4.6 条相矛盾，如何把握？54m 以下的跃层住宅如果面积太大且楼层高，只在入户门位置设一个消火栓，充实水柱无法到达室内任何部位怎么办？

答：（1）这种情况下是特例，按《消防给水及消火栓系统技术规范》GB 50974—2014 第 7.4.15 条规范执行。

（2）可与建筑专业协商在跃层处室外增加门，或在室内增加消火栓，必须保证一股水柱到达室内任何部位。

问题107：

多层公共建筑，按规范需要设室内消火栓系统，当个别部位做了小夹层，面积都不大（$20m^2$左右），仅有内楼梯通往下层时，可否夹层不设室内消火栓，通过下层的室内消火栓保护？

答：参照《消防给水及消火栓系统技术规范》GB 50974—2014 第7.4.15条中跃层住宅和商业网点的室内消火栓应至少满足一股充实水柱达到室内任何部位的规定。该小夹层在满足至少有一股消火栓充实水柱到达室内任何部位的情况下，夹层内可以不设室内消火栓。

问题108：

温度低于0℃的冷库，消火栓如何布置？库区内是否可以不设置室内消火栓？库区内不设置室内消火栓无法满足2股水柱到达任何部位怎么办？

答：温度低于0℃的冷库，室内消火栓应设置在常温穿堂或楼梯间内，且库区入口处应设置消火栓，库区内可不设置室内消火栓。如消火栓设在常温区域不能满足消火栓水龙带保护的要求时，可考虑配置两条水龙带，供接长水龙带使用。消火栓箱门需加标识，并应满足规范所要求的消火栓栓口所需的动压力和消防水枪充实水柱的要求；若库区面积过大，采用接长水带仍无法满足要求时，则应采用干式消火栓系统，在库区内部设置消火栓。

问题109：

《建筑设计防火规范》GB 50016—2014（2018年版）第8.2.4条，高层住宅建筑的户内宜配置轻便消防水龙。因高层建筑公共部位均设有室内消火栓（带消防卷盘），住宅户内设轻便消防水龙一般难以做到（装修时住户取消可能性也很大），因此高层住宅户内是否可不设轻便消防水龙？

答：住宅户内的轻便消防水龙接口应安装到位。但当住宅公共部位的消火栓设置消防卷盘时，住宅户内可不再设置，但对于建筑高度超过100m的住宅，即使公共部位的消火栓设置了消防卷盘，户内也应设置到位。

问题110：

设有室内消火栓的建筑，室内消火栓箱内是否必须设置消防软管卷盘？

答：消防软管卷盘或轻便消防水龙的设置按《建筑设计防火规范》GB 50016—2014（2018年版）第8.2.4条规定执行。人防工程按《人民防空工程设计防火规范》GB 50098—2009 第 7.6.2 条第 6 款规定，室内消火栓处应同时设置消防软管卷盘。

问题 111：消火栓立管在同层接两个栓，其中一个为消防电梯前室消火栓，是否可行?

答：根据《消防给水及消火栓系统技术规范》GB 50974—2014 第 8.1.6 条，室内消火栓系统阀门、管网设置应保证每个防火分区在检修时仍有必要的消防用水。对于两股水柱同时到达的建筑，检修时至少有一支消防水枪的一股充实水柱到达室内任何部位。

（1）如两个消火栓不在同一防火分区，且不需要互相借用，可以一根立管接两个消火栓。

（2）如两个消火栓在同一防火分区，但不同时使用，可以一根立管接两个消火栓。

（3）对于一股水柱同时到达的建筑，可以一根立管接两个消火栓。

（4）当消防电梯前室消火栓计入灭火栓数量之内时，不可一根立管接两个消火栓。

问题 112：可以采用双立管双栓吗?

答：根据《消防给水及消火栓系统技术规范》GB 50974—2014 第 7.4.2 条，规范中已经没有双栓的内容。正常情况下，两个消火栓装在同一个地方会降低消火栓系统的安全性，距离不宜小于 5m，除规范另有规定外不宜采用。但是，建筑高度大于 54m 且小于 100m 的塔式、单元式住宅建筑，当公共区域面积小，独立设置两个消火栓箱确有困难时，可设置双立管消火栓（2 个消火栓设在同一个消防箱内），此时两栓的间距可不受 5m 限制。也可以一个消火栓设在前室，另一个设在楼梯间。

问题 113：《消防给水及消火栓系统技术规范》GB 50974—2014 第 7.4.9 条第 1 款要求建筑屋顶设置试验消火栓，坡屋面或者无楼梯上屋面时如何考虑?

答：按《消防给水及消火栓系统技术规范》GB 50974—2014 执行。坡屋面在水箱间设置试验消火栓，排水可排入溢流量满足消火栓流量要求的消防水箱。如有露台、楼梯有窗户的最高平台，可作为试验消火栓的设置场所。当无屋顶水箱，也无楼梯上屋面时，可在系统最不利点处的消火栓设置压力表，兼做试验消火栓。

问题 114：

对于符合国家标准的成套地埋式钢板消防水池、钢板消防泵房，问：（1）能否使用？可在哪些工程可以使用？（2）如能使用，设计深度如何要求？仅在总图上标注提供平面尺寸和定位、技术参数等，未提供具体图纸，是否满足审查深度？（3）按《建筑设计防火规范》GB 0974—2014 第 8.1.6 条第 3 款，消防泵房的疏散门应直通室外或安全出口，而地埋式消防泵站无疏散门，仅有出入人孔，是否可行？

答：（1）宜在下列工程中使用：改造工程；丁、戊类厂房及仅设消火栓系统的丙类厂房；新建多层建筑中（不含厂房、库房）无地下室且室外消火栓用水量不大于 30L/s 的工程。

（2）采用地埋式箱泵一体化消防给水泵站时应符合下列规定：

① 应在室外独立设置；

② 消防水池与泵房（包括消防水箱板材厚度和防腐性能、水箱内拉杆或撑杆连接方式；泵房内钢结构的规格、采用螺栓拼装方式及热镀锌防腐层严禁损坏的工艺；消防水泵、稳压装置的性能要求等）、智能控制系统、检修楼梯等应符合《装配式箱泵一体化消防给水泵站技术规程》T/CECS 623—2019 的相关规定；

③ 应设对讲电话、应急照明等设施，并应符合消防规范相关要求；

④ 应根据地基承载力、地面荷载和地下水位高度进行结构验算；

⑤ 设计深度应符合《建筑工程设计文件编制深度规定》；

⑥ 建设、监理等单位应对地埋式箱泵一体化消防给水泵站的原材料、装配方式及施工等过程进行监管；施工单位应严格按照设计文件及《装配式箱泵一体化消防给水泵站技术规程》T/CECS 623—2019 的要求进行施工，确保消防设施工程质量。

（3）地埋式消防泵站无疏散门，仅有出入人孔，可行，但应设检修楼梯。

问题 115：

埋地独立设置的室外消防水池，无消防泵房时，是否按照《消防给水及消火栓系统技术规范》GB 50974—2014 第 4.3.9 条设置就地液位显示装置等？

答：应按规范要求设置就地液位显示装置，并应在消防控制中心或值班室等地点设置显示消防水位的装置，同时应有最高和最低报警水位。就地液位显示装置可采用投入式液位变送器、超声波液位计等电子水位显示仪表，水位显示仪表设在人孔井筒的侧壁，距井盖下不大于 30mm。

问题 116：

《消防给水及消火栓系统技术规范》GB 50974—2014 第 4.3.6 条，两格和两座的概念是否可理解为：两格可以共用隔墙作为池壁，而两座则必须是有分别独立的池壁，不可共用隔墙。

答：是的。两格是指可共用隔墙作为池壁，两座则必须是有分别独立的池壁（池壁紧贴也可，但结构应脱开独立设置），不可共用隔墙。考虑地震、沉降等原因，两座的安全性高于两格。此外，对于大于 $1000m^3$ 的水池，仅分为两座独立水池即可，每座水池内不必再分两格。

问题 117：

"有效容积大于 $1000m^3$ 的消防水池应分成两座独立使用的消防水池"，"独立"应如何把握？是否只需有独立的隔墙就可以？

答：消防水池独立使用应能满足一座消防水池检修时，另外一座仍能正常供水。两座消防水池不能共用分隔墙。

问题 118：

《消防给水及消火栓系统技术规范》GB 50974—2014 第 4.3.6 条，"消防水池的总蓄水有效容积大于 $500m^3$ 时""当大于 $1000m^3$ 时"，其中的"$500m^3$"和"$1000m^3$"是指水池的总容积还是水池储存的消防容积？

答：是指最低有效水位以上所储存的有效消防容积。若加上最低有效水位以下水量的总容积，或包括有其他用水（如冷却水等）的总容积超过 $500m^3$（或 $1000m^3$）时，但所储存的有效消防容积小于 $500m^3$（或 $1000m^3$）时，仍可只设一格（或一座）。

问题 119：

消防水池是否一定要设呼吸管？设一个通气管，保证消防时的空气补充，平时与溢流管形成空气流通是否可以？

答：为保证消防水池内部气压平衡采用设置呼吸管、通气管的措施。呼吸管有进气管和出气管，通气效果好，宜优先采用。有困难时也可设通气管（包括仅设置 1 个通气管，平时与溢流管形成空气流通），但应保证通气量。当消防水池局部因梁的原因使消防水池产生局部隔绝空间时，可采用设连通管、梁上预留洞等方法解决。

问题 120：

《消防给水及消火栓系统技术规范》GB 50974—2014 第 4.3.7 条：是否所有储存室外消防用水量的消防水池都必须设置取水口？如果已经设置室外消防加压水泵及稳压设备是否还需要设置取水口？

答：是的。对于储存室外消防用水或供消防车取水的消防水池，即使已设置室外消防加压泵和室外消火栓管网时，仍需设消防取水口。

问题 121：

消防水池池底标高可否低于消防泵房地坪标高？消防水池的最低有效水位如何确定？火灾初期水泵启动时，消防泵必须考虑自灌式，那么水池最低水位时，消防泵是否还需要考虑自灌呢？

答：(1) 消防水池池底标高不应低于消防泵房地坪标高。

(2) 消防水池的最低有效水位是消防水泵吸水喇叭口以上 0.6m 水位；当消防水泵吸水管上设置防止旋流器时，最低有效水位为防止旋流器顶部以上 0.2m。具体见《消防给水及消火栓系统技术规范》GB 50974—2014 第 4.3.9 条文说明及图示。另外，消防水池最低有效水位应高于消防水泵吸水管上沿。

(3) 消防水池的最低有效水位也需要满足消防水泵自灌吸水的要求。

问题 122：

大于 27m 但小于 54m 的住宅楼，是否一定要设消防水池？可否设消防泵直接从市政给水管吸水？

答：(1) 应根据《消防给水及消火栓系统技术规范》GB 50974—2014 第 4.3.1 条判断是否需要设置消防水池。

(2) 若市政给水管道满足第 5.1.14 条的要求，并且当地水务主管部门允许时，可设消防泵直接从市政管道吸水；否则，应设消防水池。

问题 123：

《消防给水及消火栓系统技术规范》GB 50974—2014 第 4.3.1 条第 2 款，当不满足此条时可不设消防水池。假设有一丙类多层厂房，建筑占地面积为 300m²，建筑体积 4000m³。室内消火栓设计流量 10L/s；室外消火栓设计流量 20L/s，只有一路市政进水，那么这种情况下是不是室外消防用水可为枝状，不设水池，但室内消防给水要设水池、泵房？也就是说规范里此条所说的消防水池是指只储存室外消防用水的消防水池，还是室内、外消防用水量的水池？

答：《消防给水及消火栓系统技术规范》GB 50974—2014 第 4.3.1 条符合下

列规定之一时，应设置消防水池。案例所举的条件满足第 4.3.1 条第 2 款，但不一定满足第 4.3.1 条第 1 款和第 4.3.1 条第 3 款的条件，设不设消防水池不好判定。

对于本案例，根据《消防给水及消火栓系统技术规范》GB 50974—2014 第 4.3.1 条、第 6.1.3 条、第 8.1.4 条和第 8.1.5 条综合判断：

（1）生活、消防合用系统：满足生活和消防水量水压时，可不设消防水池，室内、外消防管网可为支状管网。

（2）生活、消防合用系统：满足生活和消防水量但不满足消防水压时，可不设消防水池，但应设置断流水箱增设消防泵，室内、外消防管网支状管网。

（3）不满足生活和消防水量水压时，设消防水池和消防泵。

问题 124：

一座建筑物室外消火栓用水量为 30L/s，若在其附近的市政路上有一个市政消火栓可以计入其室外消火栓的数量，那么消防水池内是否可以仅储存剩下的 15L/s 的室外消防用水量？

答：如市政消火栓引自市政给水管为环状管网，则可以仅储存剩下的室外消防水量；否则，消防水池应储存全部的室外消防水量。

问题 125：

某一类高层综合楼，地下室为车库并设有充电桩，自动喷水灭火系统流量为 90L/s，火灾延续时间为 1.5h，消火栓系统流量为 10L/s，火灾延续时间为 2h；地面为商业和办公，室内消火栓流量为 40L/s，火灾延续时间为 3h，自动喷水灭火系统流量为 30L/s，火灾延续时间 1h，按地下室防火分区计算的最大消水量为 558m³，按地上防火分区计算的最大消防水量为 540m³，因此选 558m³。消火栓泵按系统最大流量取 40L/s，喷淋泵按系统最大流量取 90L/s，消防水池容积是否需要增加？

答：该消防用水量已满足《消防给水及消火栓系统技术规范》GB 50974—2014 第 3.6.1 条的要求，消防水池容积可以不增加。

问题 126：

单栋或多栋建筑，室外消防无法满足两路水源要求时需建消防水池。如只设室外消防水池及取水口（取水口满足 150m 保护半径的情况），不再设置室外临时高压系统，是否可以？

答：当消防水池的建设符合《消防设施通用规范》GB 55036—2022 第 3.0.7 条和第 3.0.8 条、《消防给水及消火栓系统技术规范》GB 50974—2014 第 4.3.7 条的要求，并且取水口数量（一个取水口流量按 10～15L/s 计）满足室外消火栓设计流量，取水口离消防登高场地、消防水泵接合器不大于40m时，可不再设置室外临时高压系统。

问题127：

当消防水池储存室外消防用水量时，若消防水池分为两格（座），且两格（座）水池在泵房内侧设有连通管（且连通管径满足流量要求），是否还需要按每格（座）水池独立设取水口？消防车取水口个数是否要按室外用水量计算？

答：每格（座）消防水池需独立设取水口，并且取水口总数量应满足室外消火栓设计流量。

问题128：

《消防给水及消火栓系统技术规范》GB 50974—2014 第4.3.7条要求室外消防取水口与建筑物的距离不宜小于15m，实际上很难做到，此种情况该如何处理？

答：在条件确实不许可时，可以适当缩减距离。当建筑条件受限，取水口距建筑物的距离小于5m时（与消防泵房的距离除外），可采取设置防护挑檐、防护棚等其他防坠落物砸伤的防护措施。

问题129：

《消防给水及消火栓系统技术规范》GB 50974—2014 第4.3.7条要求消防水池应设置取水口（井），且吸水高度不应大于6m。实际情况是消防车车载泵入口距离地面1.0m，消防水池顶部覆土厚度通常为1.0m甚至更厚，再加上水池顶板厚度，特别是高海拔地区考虑海拔因素影响后，很难满足吸水高度不大于6m的要求，实际工程中该如何处理？

答：消防水池取水口（井）应满足消防车泵的吸水高度不大于6m，消防车取水处地面至消防水池最低有效水位的深度应按当地海拔高度修正，可参考表3.1.129执行：

表3.1.129　海拔高度与消防水池最低水位关系表

海拔高度（m）	200	300	500	700	1000	1500	2000	3000	4000
大气压（$m \cdot H_2O$）	10.1	10.0	9.7	9.5	9.2	8.6	8.4	7.3	6.3
消防车允许最大吸水高度（m）	6.82	6.72	6.42	6.22	5.92	5.32	5.12	4.02	3.98
消防车取水处地面至水池最低有效水位最大深度（m）	5.5	5.5	5.0	5.0	4.5	4.0	4.0	3.6	3.6

问题 130：

当消防水池在室外地下单独建设，设置有顶部进人孔，且进人孔满足消防车接近时，进人孔可否兼做消防取水口？

答：可以，但应满足《消防给水及消火栓系统技术规范》GB 50974—2014 第 4.3.7 条的要求。并应避免设在机械易撞击的地点，确有困难时应采取防撞措施。

问题 131：

消防水池几个水位线：最高报警水位（溢流水位）、最低报警水位、最高有效水位、最低有效水位如何确定？有效水深如何计算？

答：应按《消防给水及消火栓系统技术规范》GB 50974—2014 第 5.1.9 条、第 5.1.12 条执行，可参考《自动喷水灭火系统设计》图集 19S910 第 51 页。消防水池的最低有效水位应保证消防水泵自灌式吸水；从最低有效水位算起，保证消防水池有效容积的水位高度为消防水池的设计水位（最高有效水位）；消防水池的最高报警水位应按设计水位（最高有效水位）之上 50～100mm 设置；最低报警水位应按设计水位（最高有效水位）以下 50～100mm 设置；消防水池的设计水位（最高有效水位）与最低有效水位之差，即为消防水池的有效水深。

问题 132：

消防水泵房是否可以与其他房间共用？

答：《消防给水及消火栓系统技术规范》GB 50974—2014 第 5.5.12 条第 3 款：附设在建筑物内的消防水泵房，应采用耐火极限不低于 2.0h 的隔墙和 1.50h 的楼板与其他部位隔开，其疏散门应直通安全出口，且开向疏散走道的门应采用甲级防火门。

因此消防水泵房应设置成单独的房间，不应与其他房间共用（设置在消防泵房内为消防水泵配电的专用配电室除外）。

问题 133：

对于《消防给水及消火栓系统技术规范》GB 50974—2014 第 5.2.1 条，（1）该条第 2 款：附设在建筑物内的消防水泵房，不应设置在地下三层及以下，或室内地面与室外出入口地坪高差大于 10m 的地下楼层。如何理解室内地面与室外出入口地坪高差大于 10m？

（2）该条第 3 款：其疏散门应直通安全出口。何为直通安全出口？

答：（1）指的是消防泵房所在的室内地面标高与室外出入口地坪高差。并且从消防泵房的疏散门至疏散通道、疏散楼梯间应在同一标高上，中途不应有标高变化。有的项目在设计中为了机械地执行“消防泵房的地面标高至室外出入口的地坪高差不大于10m”的要求，仅仅将消防泵房地面抬高，从消防泵房疏散门通过疏散通道进入疏散楼梯间，中途下、上数步台阶。这样反而削弱了直通消防泵房的便捷性，实际上是不符合规范规定的。

（2）直通安全出口为从消防泵房疏散门进入疏散走道、疏散楼梯间后，到达安全出口的途中不能经过其他房间或使用空间。直通室外的疏散楼梯间和开设在建筑首层门厅大门附近的疏散门都视为安全出口。

问题134：

《消防给水及消火栓系统技术规范》GB 50974—2014 第5.5.1条，消防水泵的质量是否包含电机的质量？质量3t以下，可否不设起重设施？

答：消防水泵的质量包含电机的质量。质量3t以下设手动起重设施（吊钩或支架＋手动葫芦或电动葫芦）。

问题135：

民用建筑的消防泵房是否可采用轴流深井泵，以满足《消防给水及消火栓系统技术规范》GB 50974—2014 第5.5.12的要求？

答：民用建筑的消防泵房应满足《消防给水及消火栓系统技术规范》GB 50974—2014 第5.5.12条的要求。消防泵可采用轴流深井泵。

问题136：

使用轴流深井泵时最低有效水位是否为第一个水泵叶轮底部以上不少于3.2m？

答：轴流深井泵安装于水井时，由于水文条件的限制，水井补水有个漏斗曲线，因此规范做出此规定。轴流深井泵安装在消防水池等消防水源上时，就没有这样的限制。

问题137：

可以采用潜水泵、恒压切线泵作为消防水泵吗？

答：不应采用。因为潜水泵、恒压切线不符合《消防给水及消火栓系统技术规范》GB 50974—2014 第5.1.6条要求。

问题138：

供水高度超过24m时，是否必须采用水锤消除器？可否仍采用带水锤消除功能的止回阀？

答：可以采用带水锤消除功能的多功能阀。

问题 139：

消防水泵出水管上作为水泵自动巡检低流量空转防过热技术措施的电磁阀是否可以不设？

答：（1）《消防给水及消火栓系统技术规范》GB 50974—2014 第 11.0.16 条第 1 款：巡检周期不宜大于 7d，且应能按需要任意设定；第 2 款：以低频交流电源逐台驱动消防水泵，使每台消防水泵低速转动的时间不应少于 2min。

（2）《消防给水及消火栓系统技术规范》GB 50974—2014 第 5.1.16 条：临时高压消防给水系统应采取防止消防水泵低流量空转过热的技术措施。

（3）消防水泵自动巡检时，处于无人值守状态，并且巡检频率高，时间长。因此应设置防止消防水泵低流量空转过热的技术措施。

另外，因电磁阀无调节功能，快速启闭会发生水锤现象，故建议采用带有调节功能的电动阀。可参考国家建筑标准设计图集《消防专用水泵选用及安装（一）》（19S204—1）第 21 页。

问题 140：

消防系统的安全阀、持压泄压阀如何区分？各自都有何作用？

答：安全阀和持压泄压阀都是防止压力超过一定范围的阀门，但二者作用不同。安全阀是在系统过载或故障时，阀门自动开启，以保护设备、系统正常运行；持压泄压阀主要用于保持系统内部的压力稳定，一旦压力超出预设范围，阀门会自动开启并释放过多压力，使压力位于系统设定的压力范围内。

问题 141：

消防水泵试验放水管是否可以兼流量检测管？一组消防泵可以共用一套流量测试装置吗？消防水泵出口设置的流量计，采用何种方式接出比较稳妥？如何确定流量检测管管径？

答：根据《消防给水及消火栓系统技术规范》GB 50974—2014 第 5.1.11 条，消防水泵试验放水管不宜兼流量检测管；按该条规定设置消防水泵流量测试装置时，一组消防水泵可共用一套流量测试装置，并应设置阀门保证每台消防泵均能独立测试；一般宜采用超声波流量计，测试管宜从消防泵出口的止回阀之前引出；流量检测装置管径应根据流速不大于 5m/s 情况下满足消防水量来选择，测试流量按设计流量的 150%计。

问题142：

消防系统设有稳压设备时，能否只利用屋顶消防水箱出水管上的流量开关信号或消防水泵出水干管上的压力开关信号中的一种信号启动消防主泵？

答：消防系统设有稳压设备时，屋顶消防水箱出水管上的流量开关信号和消防水泵出水干管上的压力开关信号同时参与启动消防主泵，不可采用单一信号控制消防主泵。

问题143：

消防水泵出水干管上的低压压力开关和高位消防水箱出水管上的流量开关启泵信号设定值如何确定？

答：不设稳压装置的低压压力开关按屋顶消防水箱最高有效水位下降0.2～0.3m计算。

流量开关：①自动喷水灭火系统以1.33L/s为自动启动消防泵的流量值；②高位消防水箱不配稳压泵直接供水的消火栓给水系统以1.0～2.0L/s为自动启动消防泵的流量值；③高位消防水箱配稳压泵供水的消火栓给水系统以2.0～3.5L/s为自动启动消防泵的流量值。

问题144：

区域临时高压消防给水系统，有些部位需要高压力、小流量，有些部位需要低压力、大流量，应如何合理选泵？如主楼喷淋需要130m水压、30L/s，车库需要40m水压、40L/s，可否选130m扬程、30L/s的消防泵（40L/s时，扬程一定会大于40m）？

答：首先，消防泵扬程性能曲线应为无驼峰、无拐点的光滑曲线，零流量时的压力不应大于设计工作压力的140%，且宜大于设计工作压力的120%。其次，当流量为设计流量的150%时，其出口压力不应低于设计工作压力的65%。所以应复核水泵的两个工况点是否满足水泵曲线要求。

问题145：

当消防水池分两格（两座）时，消防泵是共用吸水管，还是每台泵单独设吸水管伸进水池？两座（格）消防水池的吸水总管可以兼连通管吗？

答：（1）当消防水池分为两格（两座）时，消防泵应设共用吸水管，并且每格或每座水池内的吸水管数量不少于2根。

（2）当设置有两根共用吸水管时，可不另设消防水池连通管，否则应另设连通管。

问题146：

消防水池只有一格（有效容积小于$500m^3$）时，或者2格（2座）消防水池设置共用吸水井时，消防水泵吸水管可以采用共用吸水管的方式吗？

答：有效容积小于$500m^3$或者设置共用吸水井的消防水池，消防水泵吸水管宜采用单泵单吸的方式吸水。

问题147：

《消防给水及消火栓系统技术规范》GB 50974—2014第4.3.11条，除可一路消防供水的建筑物外，向高位消防水池供水的给水管不应少于两条。请问：超高层的消防转输水箱的转输管、高位消防水箱的进水管也要遵守吗？

答：消防转输水箱的供水管不应少于两条。本条限定的对象是高位消防水池，而非高位消防水箱，故向高位消防水箱供水的生活给水管可设1条。

问题148：

《消防给水及消火栓系统技术规范》GB 50974—2014第5.4.6条，超高层建筑要求设手抬泵或移动泵接口，手抬泵或移动泵怎样连接到管网？是采购备用，还是现场安装？

答：手抬泵或移动泵通过水泵接合器与管网连接，消防车供水经过水泵接合器后，再经过手抬泵或移动泵串联加压到管网。手抬泵或移动泵由消防队员自带，到达现场后安装，不需要预留电量。

问题149：

消防车的最高供水压力是多少？哪些消防系统要设手抬泵？

答：消防车的最高供水压力可咨询当地消防救援部门。建筑高度超过消防车供水高度时，涉及消防用水的供水系统均应设手抬泵或移动泵接力供水的吸水和加压接口。

问题150：

柴驱消防泵所配油箱是否需要单独设置储油隔间？

答：不需要。

问题151：

对于工业用消防泵，是否每台泵需要单独设置*DN*65的试水管？

答：按《消防给水及消火栓系统技术规范》GB 50974—2014 第 5.1.11 条第 4 款执行，每台消防泵均需设置试水阀。

问题 152：

《消防给水及消火栓系统技术规范》GB 50974—2014 未提及“稳高压”一词，《石油化工企业设计防火标准》GB 50160—2008 提到“稳高压消防给水系统”。是否只有石油化工企业可以设置稳高压消防给水系统，不设高位消防水箱，其他建筑不可以？

答：是否设置高位消防水箱应按照《消防设施通用规范》GB 55036—2022 第 3.0.9 条执行。

问题 153：

《消防给水及消火栓系统技术规范》GB 50974—2014 第 6.1.9 条，(1) 第 1 款中，“其他重要建筑”如何理解？是否包含一些特定的建筑类型？(2) 第 2 款中，当设置高位消防水箱确有困难时，且采用安全可靠的消防给水形式时，可不设高位水箱，但应设稳压泵。何种情况属于“确有困难”？何种情况属于“采用安全可靠的给水形式”？设稳压泵后是否要求设置气压罐，如果设置，气压罐的调节容积如何确定？

答：根据《建筑设计防火规范》GB 50016—2014（2018 年版）术语第 2.1.3 条的条文说明：“对于重要公共建筑，不同地区的情况不尽相同，难以定量规定。本条根据我国的国情和多年的火灾情况，从发生火灾可能产生的后果和影响作了定性规定，指发生火灾可能造成重大人员伤亡、重大财产损失、严重社会影响的公共建筑。一般包括党政机关办公楼，医院，人员密集的大型公共建筑或集会场所（如商场、剧院、影院）、较大规模的中小学校教学楼、宿舍楼，重要的通信、调度和指挥建筑，广播电视建筑，医院等以及城市集中供水设施、主要的电力设施等涉及城市或区域生命线的支持性建筑或工程；住宅楼和一般的普通办公楼不算重要建筑”。具体可参考国家标准《汽车加油加气加氢站技术标准》GB 50156—2021 附录举例来定量确定。

(1)“安全可靠”一般系指设有消防水池、消防水泵、两路供水、双电源（消防水泵应按一级负荷要求供电，当不能满足一级负荷要求供电时应采用柴油发电机组作为备用动力）。是否确有困难，何为安全可靠的消防给水形式，建议通过专家论证来确定。

(2) 设置稳压泵同时需设置气压罐，气压罐调节容积按《消防给水及消火栓系统技术规范》GB 50974—2014 第 5.3.4 条执行。

问题 154：

有些造型特别的建筑，面积和层数均超过规范要求，但确实无法设置高位水箱，比如顶部为球形的建筑，屋顶为滑雪场、停机坪等。能否按《消防给水及消火栓系统技术规范》GB 50974—2014 第 6.1.9 条第 2 款，不设高位水箱，采用地下气压罐供水系统？如果可以，地下气压罐调节容积如何确定？

答：屋顶停机坪处消火栓可与消防水箱同层设置，但消火栓系统必须设置稳压装置。当按《消防给水及消火栓系统技术规范》GB 50974—2014 第 6.1.9 条第 1 款执行确有困难时，应与当地的建筑部门协商，通过专家论证的方式确定。可采用顶升气压消防供水设备，此时应保证气压消防供水设备气压罐的调节容积不小于应设高位消防水箱时高位水箱的有效容积。

问题 155：

屋顶消防水箱规格为 36m³，是否可以分为两个屋顶布置？

答：不宜分开设置。确有困难必须分开设置时，应注意两个水箱控制水位的一致性。

问题 156：

按《消防给水及消火栓系统技术规范》GB 50974—2014 第 5.2.2 条的规定，要求高位消防水箱的设置位置应高于其所服务的水灭火设施，而建筑专业希望高位消防水箱放在屋顶层，与屋顶风机房（设有消火栓、喷头）位于同一建筑高度，是否可以？

答：当屋顶风机房设置有消火栓、喷头时，高位消防水箱的设置高度应按本条执行，保证其设置位置高于其所服务的水灭火设施。

问题 157：

除商业服务网点外，住宅建筑与其他使用功能的建筑合建时，其屋顶高位消防水箱容积如何确定？

答：依据《建筑设计防火规范》GB 50016—2014（2018 年版）第 5.4.10 条条文说明，住宅和非住宅部分的消防设施分别根据各自的建筑高度，按照住宅和公建的要求分别确定消防水箱的有效容积，取最大值。

问题 158：

计算屋顶水箱容积时，商店建筑面积是指最大一栋的商店建筑面积（各商店之间均满足防火间距），还是指整个消防系统服务范围内的所有商店建筑面积之和？

答：指最大一栋商店建筑面积。

问题159：

消防给水及消火栓系统技术规范》GB 50974—2014 第 5.2.1 条第 5 款，工业建筑室内消防给水设计流量当小于或等于 25L/s 时，不应小于 $12m^3$；大于 25L/s 时，不应小于 $18m^3$。这里的“消防给水设计流量”是指单体建筑的室内消火栓设计流量，还是要包含自动喷水灭火系统、水幕、水炮等自动灭火系统的设计流量？

答：包含室内消火栓设计流量和自动喷水灭火系统、水幕、水炮等自动灭火系统的设计流量。

问题160：

消防水池和高位消防水箱出水管是否必须设置喇叭口或者设置旋流防止器？

答：设置喇叭口或者旋流器可减少空气进入消防系统，改善水力条件，应按规范设置。

问题161：

高位消防水箱的出水管是否可从水箱底部接出而不加喇叭口或防止旋流器？

答：高位消防水箱满足初期火灾消防用水量要求，出水管管径不小于 *DN*100。出水管不接喇叭口或防止旋流器时，入口流速较大，为防止吸气水深需加大，消防水箱最低有效水位要抬高，消防水箱必须抬高或增加消防水箱容积，此举并不十分经济，故应加设防止旋流器。

问题162：

稳压泵吸水管路上采用防止旋流器时，防止旋流器是否可以垂直安装？

答：防止旋流器垂直安装时，所需水位更高，不经济，故不宜垂直安装。

问题163：

消防水泵出水干管上的压力开关和高位消防水箱出水管上的流量开关是否应同时设置？

答：根据《消防给水及消火栓系统技术规范》GB 50974—2014 第 11.0.4 条的要求，压力开关和流量开关应同时设置。但当系统没有稳压设施时，压力开关的作用很小，甚至没有，故当系统不设稳压设施时，可不设压力开关。

问题 164：

《消防给水及消火栓系统技术规范》GB 50974—2014 第 11.0.4 条，流量开关应设在稳压泵的吸水总管还是在压水管之后的出水总管？

答：流量开关宜设在压水管之后的出水总管上，可参考《消防给水及消火栓系统技术规范》GB 50974—2014 图示 15S909 的第 90 页。

问题 165：

《消防给水及消火栓系统技术规范》GB 50974—2014 第 5.2.6 条第 9 款，高位水箱出水管管径应满足消防给水设计流量的出水要求，此处消防给水设计流量是否即为整个系统的设计流量（消防主泵设计流量）？

答：临时高压消防给水系统的高位消防水箱出水量只需满足初期灭火时的消防出水量要求即可。初期灭火时，消防设施的出水量并不是系统的设计流量。

问题 166：

自动消防炮灭火系统、喷射型及喷洒型自动射流灭火系统、固定消防炮灭火系统的气压稳压装置供水压力如何确定？

答：（1）自动消防炮灭火系统、喷射型及喷洒型自动射流灭火系统的气压稳压装置的供水压力按照《自动跟踪定位射流灭火系统技术标准》GB 51427—2021 第 4.5.17 条执行。

（2）《固定消防炮灭火系统设计规范》GB 50338—2003 中，对固定消防炮灭火系统的气压稳压装置未做明确规定，当采用临时高压系统时，可参照《自动跟踪定位射流灭火系统技术标准》GB 51427—2021 第 4.5.17 条执行。

问题 167：

高位消防水箱的出水管不应小于 *DN*100，稳压泵的进出水管管径是否不应小于 *DN*100？

答：高位消防水箱的出水管应旁通稳压泵接消防管网，且不应小于 *DN*100，稳压泵的进出水管管径应根据流量，按流速计算确定。高位消防水箱的出水管并不是稳压泵的进出水管。

问题 168：

稳压泵是否必须从消防水箱吸水吗？

答：稳压泵设于高位水箱间时从消防水箱吸水；稳压泵设于地下泵房时可从

消防水池吸水。

问题 169：

室内消火栓系统和自动喷水灭火系统稳压设备可以合用吗？

答：室内消火栓系统、自动喷水灭火系统的稳压设备宜独立设置。当合用时应满足以下要求：某个系统先行运行时，不同的系统能按消防供水需要分别控制消防泵启动，且稳压设备仍能确保对未运行系统进行稳压。

问题 170：

当高位箱水箱间内设置有稳压泵时，高位消防水箱是否可以设在住宅楼顶层住户的客厅、卧室、书房之上？

答：不可直接将稳压泵设在住户的客厅、卧室、书房之上。但是，水箱间和顶层住户客厅等房间之间有夹层或者水箱间设有双层楼板时，水箱间可以设稳压泵。但此时水箱间及设备应采取隔声、隔振措施。如：采用低噪声水泵、吸水管和出水管上设置减振装置、水泵设置减振装置、管道采用弹性支架、水箱间的隔墙和天花采取隔声吸声处理等。当条件允许设置下置式稳压装置时，建议将稳压装置设于消防泵房内。

问题 171：

稳压装置可放在消防水泵房，也可放在屋顶水箱间。设计中采用哪种做法比较好？

答：《消防给水及消火栓系统技术规范》GB 50974—2014 没有说明稳压泵设置的具体位置。两种方法都可以，但各有利弊。从消防的角度出发，稳压泵设在消防泵房内便于管理和实战使用。从节能的角度出发，稳压泵设在屋面水泵扬程可以小一点，尤其高层建筑。但有些建筑某些使用空间上方不允许设置泵房，这就需要按照每个工程的实际情况进行分析，选取合适的做法。

问题 172：

《消防给水及消火栓系统技术规范》GB 50974—2014 第 5.2.6 第 6 款，消防水箱进水管应在溢流水位以上接入，进水管口的最低点高出溢流边缘的高度应等于进水管管径，但最小不应小于 100mm，最大不应大于 150mm。此条与《建筑给水排水设计标准》GB 50015—2019 第 3.3.6 条第 1 款有矛盾，如何执行？

答：当消防水箱补水管接自市政自来水或生活饮用水系统时，按《建筑给水排水设计标准》GB 50015—2019 第 3.3.6 条第 1 款执行，进水管管底高于溢流喇叭口顶不小于 150mm。当消防水箱补水管接自非生活饮用水源时，《消防给水及消火栓系统技术规范》GB 50974—2014 第 5.2.6 条第 6 款执行。

问题 173：

单体审查是否包括室外消防给水总平面图、消防泵房、消防水池及消防水箱？室外消防总图往往由室外管网工程设计，有时消防泵房、消防水池即消防水箱不在本建筑内。

答：室外消火栓应按照每个单体配置示意图，其余内容在说明中明确即可。

问题 174：

对于消防排水有以下问题：

（1）除了《消防给水及消火栓系统技术规范》GB 50974—2014 第 9.3.1 条所规定的消防给水系统试验装置，还有屋顶试验用消火栓、大空间智能灭火系统末端试水装置、消防水泵出口泵组流量和压力测试装置，这些都要设置专用排水设施吗？可否排至屋面、接纳地面废水的地漏、卫生器具或回流至消防水池？

（2）“专用排水设施”具体指哪些？

（3）《消防给水及消火栓系统技术规范》GB 50974—2014 第 9.3.1 条第 1 款，排水立管泄流量是否只能以重力流流态计算？

答：（1）按规范应设专用排水设施。由于消防给水系统试验时，瞬间水量大，因此规定测试装置处应设专用排水设施，可排至屋面或回流至消防水池。接纳地面废水的地漏和卫生器具，如果能保证及时排放测试排水量，且不影响其使用功能时，可作为测试装置的排水设施。

（2）专用排水设施指排水漏斗、排水管、集水井、拖布池、排水沟等能承接测试排水量的设施，湿式报警阀本身带的测试管、减压阀组自带测试管不属于“专用排水设施”。

（3）为保障消防排水效果，排水管应按重力流设计。但对于智慧型末端试水，排水装置可按压力流设计。

问题 175：

消防泵房、消防电梯集水坑和设有消防给水的地下室消防排水设施是否均需采用消防电源？

答：消防泵房、消防电梯集水坑排水设施、地下室消防排水设施均应采用消防电源。

问题 176：

对于消防电梯井底的排水集水坑设置存在如下疑问：(1) 消防电梯井底的排水集水坑可否设在消防电梯正下方？(2) 如果消防电梯前室内有多部消防电梯（包括兼做消防电梯的客梯、货梯等），其井底可否共用排水设施（集水坑）？如果可以共用，容积怎么确定？连接管独立接至排水设施，还是可以借用消防电梯基坑串联排出？(3) 若有相邻两部消防电梯，各自设置集水坑后，排出泵出水管是否可以合流排出？(4) 按照《消防给水及消火栓系统技术规范》GB 50974—2014 第 9.2.2 条，“地下室的消防排水设施宜与地下室其他地面废水排水设施共用”。消防电梯井底集水坑是否属于地下室的消防排水设施？可否接纳其他地面排水？

答：(1) 消防电梯井排水集水坑不应设在电梯正下方，宜设在与消防电梯同一防火分区的电梯井筒侧面。

(2) 当消防电梯与兼做消防电梯的客梯、货梯位于同一前室时，可以合用排水集水坑，集水坑有效容积放大至 $3m^3$，每台排水泵流量按照不小于 10L/s 选取，按二用一备配置。消防电梯基坑排水采用连接管独立接至集水坑和采用消防基坑串联排出均可。

(3) 消防电梯集水坑排水泵出水管应以集水坑为单位单独排出室外，并宜接至室外雨水管道。

(4) 消防电梯井底集水坑属于地下室的消防排水设施，可接纳消防灭火用水，不应接入非消防灭火用排水。

问题 177：

地库消防排水如何考虑？是否应满足每个防火分区内按消防电源供电的排水泵总流量不小于消防流量（消火栓加喷淋）？

答：当考虑地下车库的消防排水时，可按火灾延续时间内地面允许积水高度不大于 150mm 进行排水量计算；当采用地下车库冲洗地面排水泵兼作消防排水时，可按双泵同时运行的排水方式考虑；排水泵总排水量不应小于消防流量（消火栓加喷淋）。

问题 178：

《消防给水及消火栓系统技术规范》GB 50974—2014 第 9.2.1 条，设有消防给水系统的地下室应采取消防排水措施。对于住宅地下储藏室，排水点设置的数量如何确定？对于地下汽车库，地面截水沟可以做平坡以减少集水井数量吗？

答：住宅地下储藏室应考虑消防排水，应保证排水泵总排水量不小于消防流量。地面排水沟应有坡度坡向集水坑。

问题 179：

消防泵房内集水坑排水能力应不小于消防水池进水管流量，是否还需要按消防系统试验排水流量校核？

答：消防系统试验排水应接回消防水池，不应排入消防泵房集水坑。

问题 180：

关于消防排水存在如下疑问：（1）利用移动排污设备是否可行？（2）有消防管线的隔震层、地下设备夹层等是否要设置消防排水？

答：（1）消防排水不可采用移动排污设备。

（2）若隔震层、地下设备夹层内部无消防设施，可不设消防排水。

问题 181：

消防控制室如果建筑专业设置了门槛，给排水专业是否可以不设置排水设施？

答：建筑专业设置门槛的防淹措施后，给排水专业可不设排水设施。

问题 182：

《建筑电气与智能化通用规范》GB 55024—2022 第 3.2.1 条第 6 款，变电所的电缆夹层、电缆沟和电缆室应采取防水、排水措施。如建筑消防或平时排水措施未考虑设集水坑和排水泵是否属违反强条？

答：此处防水由建筑专业负责；排水仅考虑地下管沟渗水，仅设置集水坑即可，可不设置排水泵，不属于给排水专业的强条。

问题 183：

对于《消防给水及消火栓系统技术规范》GB 50974—2014 中在施工（第 12 章）、系统调试与验收（第 13 章）、维护管理（第 14 章）等非设计内容的章节中的内容，是否属于设计、审查的范围？

答：除管道试压、冲洗要求之外，其他均不属于设计、审查范围。

问题 184：

对于《消防给水及消火栓系统技术规范》GB 50974—2014 第 11 章控制与操作中提到的关于水泵电气控制的内容，是否属于给排水专业的设计内容？

答：该章节与设计有关，应在设计说明中明确提出，给排水专业按其要求给其他相关专业提出资料。

问题 185：

《民用建筑电气设计标准》GB 51348—2019 第 13.7.7 条民用建筑内的消防水泵不宜设置自动巡检装置条款，给排水专业应如何执行？

答：按照《消防给水及消火栓系统技术规范》GB 50974—2014 第 11.0.14 条执行消防水泵自动巡检要求。

3.2 自动喷水灭火系统

问题 1：

《建筑设计防火规范》GB 50016—2014（2018 版）第 5.4.12 条、第 5.4.13 条规定，建筑内设有自动喷水灭火系统时，柴油发电机房内应设置自动喷水灭火系统。柴油发电机房、储油间是否可以设气体灭火？

答：按《建筑设计防火规范》GB 50016—2014（2018 年版）第 5.4.12 条第 8 款、第 5.4.13 条第 6 款，建筑内设有自动喷水灭火系统时，柴油发电机房应设置自动喷水灭火系统。按《建筑设计防火规范》GB 50016—2014（2018 年版）第 8.3.8 条，储油间可采用水喷雾灭火系统、气体灭火系统、干粉灭火系统、泡沫灭火系统或细水雾灭火系统。柴油发电机房应结合暖通专业进、排风、采暖设计等综合情况判断，宜设置水喷雾消防系统。

当建筑内只设消火栓系统时，柴油发电机房应保障有 2 支消防水枪的充实水柱同时到达，储油间仍需设置自动灭火系统，可设置悬挂式干粉自动灭火装置。

问题 2：

《建筑设计防火规范》GB 50016—2014（2018 年版）第 5.4.13 条第 6 款：柴油发电机房应设置与柴油发电机容量和建筑规模相适应的灭火设施，当建筑内其他部位设置自动喷水灭火系统时，机房内应设置自动喷水灭火系统。对此有两点疑惑：（1）当建筑内其他部位设置自动喷水灭火系统时，机房内设置水喷雾或细水雾系统是否合规？（2）同水池或泵房一起独立建造的发电机房储油间只设置干粉灭火器是否满足规范要求？

答：（1）可以设置水喷雾和细水雾系统，合规且合理；

（2）独立建造的发电机房储油间只设置干粉灭火器满足规范要求。

问题 3：

《建筑设计防火规范》GB 50016—2014（2018 版）第 8.3.1 条中，对需设自动灭火系统的厂房生产类型做了规定。实际工作中，有许多多层丙类厂房的生产类型未能明确，应如确界定是否需要设自动灭火系统？

答：《建筑设计防火规范》GB 50016—2014（2018 年版）第 8.3.1 条第 2 款规定的类似生产厂房一般是指单体建筑任一生产加工车间，同一时间容纳 30 人以上，从事制鞋、制衣、玩具、肉食蔬菜水果等食品加工、家具木材加工、物流仓储等生产加工车间、经营储存场所视为劳动密集型企业，应设置自动喷水灭火系统。

问题 4：

占地面积大于 1500m² 或总建筑面积大于 3000m² 的单、多层生产塑料家居产品或动物饲料的丙类厂房是否应设置自动喷水灭火系统？

答：按照《建筑防火通用规范》GB 55037—2022 第 8.1.8 条的要求，应设置自动喷水灭火系统。

问题 5：

《建筑设计防火规范》GB 50016—2014（2018 年版）第 8.3.3 条中，对二类高层建筑中需设自动喷水灭火系统保护的部位有清楚描述，但对多层建筑中需设置的部位没有明确规定，应如何执行？

答：《建筑设计防火规范》GB 50016—2014（2018 年版）第 1.0.4 条："同一建筑内设置多种使用功能场所时，不同使用功能场所之间应进行防火分隔，该建筑及其各功能场所的防火设计应根据本规范的相关规定确定"。

根据《建筑设计防火规范》GB 50016—2014（2018 年版）第 8.3.4 条条文说明："对于按建筑规定的，要求该建筑内凡具有可燃物且适用设置自动喷水灭火系统的部位或场所，均需设置自动喷水灭火系统；自动灭火系统的设置原则是重点部位、重点场所、重点防护；特别要考虑所设置的部位或场所在设置灭火系统后应能防止一个防火分区内的火灾蔓延到另一个防火分区中去"。故多层建筑内设置多种使用功能场所，可能一部分场所需要设置自动喷水灭火系统，而另一部分场所不需要，且应符合《自动喷水灭火系统设计规范》GB 50084—2017 第 7.1.12 条的规定："当局部场所设置自动喷水灭火系统时，局部场所与相邻不设自动喷水灭火系统场所连通的走道和连通门窗的外侧应设洒水喷头"。

问题6：

《建筑设计防火规范》GB 50016—2014（2018年版）第8.3.3条第2款规定，二类高层公共建筑及其地下、半地下室的公共活动用房、走道、办公室和旅馆的客房、可燃物品库房、自动扶梯底部应设置自动灭火系统。请问：（1）二类高层的宿舍居室是否属于公共活动用房？比如一栋二类高层学生宿舍楼，六人间，宿舍内是否需要设置自动灭火系统？如果该二类高层学生宿舍为四人间或二人间，并且每间宿舍设置有独立卫生间，此时宿舍及各宿舍的独立卫生间内是否需要设置自动灭火系统？（2）自动扶梯底部如何理解？是每层的自动扶梯底部，还是最底层的自动扶梯底部？

答：（1）按《宿舍建筑设计规范》JGJ 36—2016第7.1.7条，二类高层宿舍卧室及卧室内的独立卫生间可不设喷头。根据规范《自动喷水灭火系统设计规范》GB 50084—2017第7.1.12条规定："宿舍走廊设置喷头，宿舍门的内侧应设置喷头。"

（2）仅在最底层自动扶梯下部设置即可。

问题7：

当建筑设置自动喷水灭火系统时，其卫生间、泵房、机房等设备用房是否需设喷头？

答：一类高层公共建筑的卫生间需设置喷头，设置智能马桶的二类高层和多层建筑需设置喷头，其他情况卫生间可不设置喷头。

无可燃物的消防泵房、给水泵房、水箱间、热水机房、水处理机房、报警阀间可不设置喷头，当热水机房和换热站等机房内采用难燃保温材料做设备保温时应设置喷头。空调机房、新风机房、排烟机房、排风机房、机械加压送风机房、排烟风机与排风风机的合用机房应设置喷头。

问题8：

学生食堂、单位食堂是否按餐饮建筑的要求（任一层建筑面积大于1500m²或总建筑面积大于3000m²）设置自动喷水灭火系统？

答：是，按照餐饮建筑的要求设计设置自动喷水灭火系统。

问题 9：

首层为餐饮、二楼以上为员工宿舍的多层公共建筑，其中首层餐饮面积超过 1500m²。请问：(1) 是否仅首层设置自动喷水灭火系统即可，还是整栋都需设置？(2) 如果首层餐饮建筑面积未超过 1500m²，但餐饮加宿舍总建筑面积大于 3000m²，是否整栋建筑需设置自动喷水灭火系统？(3) 如餐饮分对外开放和对内使用（宿舍配套）两种，这两种情况对设置自动喷水灭火系统的要求是否有区别？

答：本案例属餐饮、宿舍两种不同功能合建建筑，消防设施可按餐饮场所、宿舍场所分别考虑，餐饮场所符合《建筑设计防火规范》GB 50016—2014（2018 年版）第 8.3.4 条第 2 款要求；宿舍部分符合《宿舍建筑设计规范》JGJ 36—2016 第 7.1.7 条要求。

（1）餐饮场所应设置自动喷水灭火系统。

（2）整栋可以不设自动喷水灭火系统。

（3）无区别。

问题 10：

屋顶单独设置的风机房、水泵房等设备间是否需要设置自动喷水灭火系统保护？

答：根据《建筑设计防火规范》GB 50016—2014（2018 年版）附录 A，当占屋面面积不大于 1/4 时，局部凸出建筑屋顶的设备用房、出屋面的楼梯间可不计入建筑高度及建筑层数，不设置消火栓、自动喷水灭火系统；当占屋面面积大于 1/4 时，建筑屋顶上的局部设备用房、出屋面的楼梯间要计入建筑高度及建筑层数，按正常使用楼层设置消防设施。当排烟机房与排风机房合用机房时，应按《建筑防烟排烟系统技术标准》GB 51251—2017 执行。

问题 11：

住宅建筑首层是商业网点，住宅不设自动喷水灭火系统，商业网点是否设自动喷水灭火系统？

答：商业网点可以不设自动喷水灭火系统，有条件时宜设自动喷水灭火系统。当商业网点单层建筑面积大于 1500m² 或总商业面积大于 3000m² 时，且区域消防已有自动喷水灭火系统时，应设自动喷水灭火系统。

问题 12：

有三段相连的 2 层商业，高度不同，各段商业之间采用防火墙分隔，每段商业每层建筑面积 1200m²，三段连在一起总建筑面积 3600m²，该商业是否需要设置自动喷水灭火系统？

答：对于单层建筑不超过 1500m^2 及总商业面积不大于 3000m^2 的单体建筑，如果建筑物外墙紧靠在一起，连成一片，该项目（建筑群）已设置自动喷水灭火系统的，则各个商业按叠加面积计算均应设置自动喷水灭火系统；如果该项目（建筑群）未设置自动喷水灭火系统，则按建筑专业定义为独立建筑，可不设置自动喷水灭火系统。

问题 13：

规范规定医院建筑需要设自动灭火系统，那么不同功能的建筑空间如分娩室、麻醉间、手术室、无菌物品储藏间需要设自动喷水灭火系统吗？

答：根据《建筑防火通用规范》GB 55037—2022 第 8.1.9 条第 6 款、《建筑设计防火规范》GB 50016—2014（2018 年版）第 8.3.3 条、第 8.3.4 条、《综合医院建筑设计标准》GB 51039—2014（2024 年版）第 6.7.4 条，待产室、麻醉间、无菌物品储藏间、中西医药房需要设自动喷水灭火系统；血液病房、手术室、有创检查的设备机房和传染病医院的负压隔离病房不应设自动灭火系统。

目前的通常做法是，医院的 CT、DR 可以设置气体灭火系统或高压细水雾系统；MRI 可不设自动灭火系统；开展手术的 DSA 场所可不设自动灭火系统。

问题 14：

高大净空的游泳池上方要求设自动喷水灭火系统吗？

答：根据《建筑防火通用规范》GB 55037—2022 第 8.1.9 条，除建筑内的游泳池、浴池、溜冰场可不设置自动灭火系统外，下列民用建筑、场所和平时使用的人民防空工程应设置自动灭火系统。《建筑设计防火规范》GB 50016—2014（2018 版）第 8.3.3 条，游泳池上方不要求设自动喷水灭火系统，但吊顶内有可燃物且净空大于 800mm 时需要在吊顶内设喷头，吊顶内喷头不受高度限制。与游泳池、溜冰场无明显物理分隔的池（场）边区域，可不设置喷头。

问题 15：

建筑高度不超过 100m 住宅楼地下储藏间是否设置自动喷水灭火系统？

答：住宅储物间为丙类 2 项库房，具体设不设置自动喷水灭火系统分下述五种情况：

（1）住宅地下储藏间设置在地下停车库内或贴临地下车库，为单独防火分区，地下储藏间应设置自动喷水灭火系统。

（2）住宅地下储藏间以走道形式和地下停车库连接，地下储藏间为单独防火分区。与车库连接的走道需设置自动喷水灭火系统，地下储藏间防火分区内宜设置自动喷水灭火系统。

（3）住宅地下储藏间完全独立（和地下车库不通），宜设置自动喷水灭火系统。

（4）防火分区面积超过500m^{2}的地下储藏间应设置自动喷水灭火系统。

问题16：

建筑面积大于3000m^{2}的办公楼、教学楼当采用多联机空调系统时(设置新风管道、盘管风机并设有短距离送风管道)，是否需设置自动喷水灭火系统？

答：按《建筑防火通用规范》GB 55037—2022第8.1.9条第7款、《建筑设计防火规范》GB 50016—2014（2018年版）第8.3.4条第3款，有送、回风管（新风系统）集中空调且建筑面积大于3000m^{2}的单层和多层办公楼、教学楼应设自动喷水灭火系统。

问题17：

《建筑防火通用规范》GB 55037—2022第8.1.9条第8款，总建筑面积大于500m^{2}的地下或半地下商店应设置自动灭火系统。请问：除了商店以外的大于500m^{2}的其他功能，如展览厅、餐饮等是否需要设置自动喷水灭火系统？

答：按照《建筑设计防火规范》GB 50016—2014（2018年版）第8.3.4条的条文说明，火灾危险性大，发生火灾时可能导致经济损失大，社会影响大或人员伤亡大的场所，应设自动喷水灭火系统。展览厅、餐饮地下或半地下场所符合上述特点，也应设置自动喷水灭火系统。

问题18：

净空大于8m且小于18m的高大空间场所（如办公楼大堂），用自动喷水灭火系统与水炮均可以灭火，要优先选用自动喷水灭火系统吗？

答：根据《建筑设计防火规范》GB 50016—2014（2018年版）第8.3.5条要优先选自动喷水灭火系统，闭式自动喷水灭火系统是最有效的灭火系统。但对于难以设置自动喷水灭火系统的高大空间可根据实际情况选择不同的系统。难以设置自动喷水灭火系统的典型场所主要有：建筑顶棚采用玻璃等采光材料的部位、闭式洒水喷头无法有效感知温度和无法有效喷水灭火的部位、喷头固定困难喷水有遮挡的部位、受系统水量制约的改造部位等。

对于净空高度大于18m的民用建筑、净空高度大于12m的厂房和难以设置自动喷水灭火系统的高大空间，自动跟踪定位射流灭火系统具有一定的应用优势。设计时可以根据实际情况选择不同的系统。

问题 19：

当建筑应设自动喷水灭火系统时，其消防控制室是否需要设自动喷水灭火系统？

答：不需要设自动喷水灭火系统，但应按《消防设施通用规范》GB 55036—2022、《建筑灭火器配置设计规范》GB 50140—2005 的要求配置灭火器。

问题 20：

根据《建筑防火通用规范》GB 55037—2022 第 8.1.11 条，规定了舞台葡萄架的设置要求。《自动喷水灭火系统设计规范》GB 50084—2017 附录 A 中，将舞台葡萄架归为严重危险级Ⅱ级；《自动喷水灭火系统设计规范》GB 50084—2017 第 4.2.6 条第 3 款要求，火灾危险等级为严重危险Ⅱ级的场所应采用雨淋系统。那么，不是特等、甲等剧院，不超过 1500 个座位的其他等级剧院和不超过 2000 个座位的会堂或礼堂的舞台葡萄架下是否需设置雨淋喷水灭火系统？

答：建筑物是否设置雨淋系统，应执行《建筑防火通用规范》GB 55037—2022、《剧场建筑设计规范》JGJ 57—2016，雨淋系统的设计应执行《消防设施通用规范》GB 55036—2022、《自动喷水灭火系统设计规范》GB 50084—2017。《剧场建筑设计规范》JGJ 57—2016 第 8.3.5 条，中型及以上（超过 800 座）规模的乙等剧场的葡萄架下宜设置雨淋喷水灭火系统，如该建筑物应设自动喷水灭火系统，根据《消防设施通用规范》GB 55036—2022 第 4.0.2 条第 4 款、《自动喷水灭火系统设计规范》GB 50084—2017 第 4.2.6 条第 3 款，该建筑的葡萄架下应设置雨淋喷水灭火系统。

问题 21：

高度超过 8m 的厂房只能用湿式系统吗？或者说干式、预作用系统是否只适用于净高不超 8m 的场所？

答：是。设置闭式自动喷水灭火系统的民用建筑和厂房，其净空高度超过 8m 的场所，应采用湿式系统。

问题 22：

仓库型特殊应用喷头是否可以应用于干式系统？

答：仓库型特殊应用喷头只有湿式系统设计参数。

问题 23:

每层不超规范规定作用面积的建筑，计算设计流量时可以按每层实际面积吗?

答：如每层一个防火分区，且建筑面积小于作用面积，可以按每层实际面积计算设计流量。

问题 24:

最大净空高度超过 8m 的超级市场采用湿式系统的设计基本参数应按《自动喷水灭火系统设计规范》GB 50084 —2017 第 5.0.4 条和第 5.0.5 条的规定执行，不可以采用特殊应用喷头吗?

答：根据《自动喷水灭火系统设计规范》GB 50084—2017 第 5.0.3 条规定，不可以采用规范第 5.0.6 条的特殊应用喷头。

问题 25:

干式系统、预作用系统的充气作用有什么不同?

答：(1) 干式系统可充气，充气作用是监测管网系统的严密性。预作用系统也充气，单连锁作用是监测管网系统的严密性，双连锁还有防误充水作用，平时严禁管道误充水的场所（比如冷库）适合设双连锁预作用系统。

(2) 两个系统的启动方式不同，根据《自动喷水灭火系统设计规范》GB 50084—2017 第 4.1.3 条设计。

问题 26:

某个展厅项目设有自动喷水灭火系统，既有通透性吊顶（不小于 70%），又是双连锁预作用系统，喷水强度、作用面积、流量如何确定?

答：按《自动喷水灭火系统设计规范》GB 50084—2017 第 5.0.13 条，通透性吊顶（不小于 70%）场所的喷水强度为本规范规定值的 1.3 倍。按第 5.0.11 条，由火灾自动报警系统和充气管道上设置的压力开关控制预作用装置时，作用面积为本规范规定值的 1.3 倍。系统流量需要按第 9.1.3 条计算确定。

问题 27:

通透格栅的孔隙率小于 70%，是否上下层均设喷头？是否要设挡水板?

答：此情况应在吊顶上、下分别设置喷头，且应在下垂型喷头上方设置挡水板。

问题28：

《自动喷水灭火系统设计规范》GB 50084—2017第5.0.4条、第5.0.5条、第5.0.6条设计参数均不同，如何选择？

答：仓库设计要了解火灾危险等级、储存方式、储物高度、最大净空高度、是否发泡等信息。《自动喷水灭火系统设计规范》GB 50084—2017第5.0.4条适用于标准覆盖面积洒水喷头，第5.0.5条适用于早期抑制快速响应喷头，第5.0.6条适用于仓库型特殊应用喷头。当仓库不适用第5.0.5条、第5.0.6条的限定时，只能按照第5.0.4条确定设计参数，具体可参照图集《自动喷水灭火系统设计》19S910。

问题29：

如最大净空高度或最大储物高度超过《自动喷水灭火系统设计规范》GB 50084—2017第5.0.5条的规定，除遵从《自动喷水灭火系统设计规范》GB 50084—2017第5.0.8条的要求在货架内置洒水喷头外，仓库顶板下布置的喷头应按哪条条文执行？

答：规范不推荐采用顶板下布置ESFR喷头加货架内置喷头的布置方式，当在货架内设喷头时，顶板下布置的喷头应按《自动喷水灭火系统设计规范》GB 50084—2017第5.0.4条的规定执行。

问题30：

机械车位自动喷水灭火系统设计流量、作用面积、喷水强度如何确定？车架的侧喷头是否可以采用$K=80$、$K=115$水平边墙型喷头？喷头最小工作压力要多大？二层、三层车架的侧喷头数量如何计算？

答：机械车库应按照《自动喷水灭火系统设计规范》GB 50084—2017第5.0.1条确定作用面积及喷水强度，并按第9.1.3条计算顶板下及车架侧喷头的流量之和。

可采用$K=80$水平边墙型喷头，喷头最小工作压力不小于0.20MPa；也可采用$K=115$水平边墙型喷头，喷头最小工作压力不小于0.10MPa。

当仅有1层车架内置喷头时，计算开启车架内喷头数量为6只；当为2层及以上车架内置喷头时，计算开启车架内喷头数量为12只。

问题31：

《自动喷水灭火系统设计规范》GB 50084—2017第5.0.2条，净空高度8～12m的场所用什么喷头？

答：采用$K \geqslant 115$喷头或非仓库特殊应用喷头，详见《自动喷水灭火系统设计规范》GB 50084—2017 表 6.1.1。

问题 32：

是否同一场所既可以采用普通喷头，又可以采用扩大覆盖面积喷头，只要喷头响应时间（RTI）相同即可？

答：是的。

问题 33：

《自动喷水灭火系统设计规范》GB 50084—2017 确定的喷水强度 12、14、15、16、16.5、18、18.5、20.5、22、24.5、28.5、32.5、34.5 是否与特定的喷头相关？*K*=161、202、242、363 的大流量喷头如何选用？

答：喷头按《自动喷水灭火系统设计规范》GB 50084—2017 第 5.0.4 条、第 5.0.5 条、第 5.0.6 条、第 6.1.1 条选用。

问题 34：

住宅设喷淋要采用家用喷头吗？

答：家用喷头适用于住宅建筑和非住宅类居住建筑，是一种具有独特的喷洒性能和布水特点的快速响应洒水喷头，建议住宅、宿舍、公寓等建筑采用。

问题 35：

车库 4.0～4.2m 井字梁，可否设 1 个扩大覆盖面积洒水喷头？

答：可以。按照《自动喷水灭火系统设计规范》GB 50084—2017 第 7.1.4 条，直立型、下垂型扩大覆盖面积洒水喷头应采用正方形布置，其布置间距不应大于 4.2m，且不应小于 2.4m。

问题 36：

《自动喷水灭火系统设计规范》GB 50084—2017 第 7.1.6 条第 4 款规定，喷头可不等距布置。在选用扩大覆盖面积喷头并保证喷水强度符合规定外，其长边距离是否要满足表 7.1.4 的规定？

答：《自动喷水灭火系统设计规范》GB 50084—2017 第 7.1.4 条明确要求，直立型、下垂型扩大覆盖面积洒水喷头应采用正方形布置，不等距布置时长边、短边均应符合表 7.1.4 的规定。

问题 37：

根据《自动喷水灭火系统设计规范》GB 50084—2017 第 5.0.8 条，货架仓库的最大净空高度或最大储物高度超过本规范第 5.0.5 条的规定时，应设货架内置洒水喷头，且货架内置洒水喷头上方的层间隔板应为实层板。请问：喷头上方的层间间隔板无法为实层板时，可否在货架内喷头上方加挡水板，而层间隔板采用通透网格的形式？

答：不可，应按规范设置实层板。

问题 38：

防护冷却水幕和防护冷却系统均可用于冷却防火卷帘和防火玻璃墙等防火分隔设施，在设计中应如何选用？

答：（1）按照《自动喷水灭火系统设计规范》GB 50084—2017 第 5.0.14 条、第 5.0.15 条，防护冷却水幕为开式系统，不限制喷水点安装高度。防护冷却系统为闭式系统，喷头设置高度不应超过 8m，系统应独立设置。

（2）两者设计流量计算方法不同，防护冷却水幕设计流量计算见《自动喷水灭火系统设计规范》GB 50084—2017 第 9.1.3 条，防护冷却系统设计流量计算见《自动喷水灭火系统设计规范》GB 50084—2017 第 9.1.4 条。

问题 39：

保护玻璃的防护冷却喷头是否要考虑挡水？能否设挡水板？

答：闭式喷头要考虑挡水，喷头安装高度不超 8m，喷头与顶板距离按《自动喷水灭火系统设计规范》GB 50084—2017 第 7.1.15 条的要求。根据《自动喷水灭火系统设计规范》GB 50084—2017 第 7.1.10 条，仅在货架和排管的孔洞、缝隙上方设挡水板，不应采用挡水板作为辅助喷头启动的方式。

问题 40：

国产报警阀可承受工作压力是 1.6MPa，根据《消防给水及消火栓系统技术规范》GB 50974—2014 第 6.2.1 条第 3 款，自动喷水灭火系统报警阀处的工作压力大于 1.6MPa 或者喷头处的工作压力大于 1.20MPa 时，应分区供水。根据《自动喷水灭火系统设计规范》GB 50084—2017，配水管道的工作压力不应大于 1.2MPa，那么报警阀后管道允许最大压力是 1.6MPa 还是 1.2MPa？

答：根据《自动喷水灭火系统设计规范》GB 50084—2017 第 8.0.1 条和第 2.1.28 条，喷淋配水管工作压力不应大于 1.2MPa，实际是控制喷头处压力不大于 1.2MPa，即报警阀后管道允许最大工作压力可以大于 1.2MPa。

问题41：

《自动喷水灭火系统设计规范》GB 50084—2017 规定“报警阀进出口的控制阀应采用信号阀”，报警阀前后均应设信号阀吗？但根据国标图集《自动喷水与水喷雾灭火设施安装》04S206，喷淋系统湿式报警阀前有信号阀，阀后没有。

答：根据《消防设施通用规范》GB 55036—2022 第4.0.7条、《自动喷水灭火系统设计规范》GB 50084—2017 第6.2.7条，报警阀前后的控制阀应采用信号阀或具有确保阀位处于常开状态的措施。

问题42：

自动喷水灭火系统的稳压泵设计压力按《消防给水及消火栓系统技术规范》GB 50974—2014 第5.3.3条和《消防给水稳压设备选用与安装》图集 17S205 执行，仅维持准工作状态的静水压力大于 0.15MPa 即可，无需大于主泵设计压力吗？

答：是的，按《消防给水及消火栓系统技术规范》GB 50974—2014 第5.3.3条确定。

问题43：

建筑物内存在不同的危险等级，自动喷水灭火系统设计流量有 30L/s 和 60L/s 的不同工况且分别设置湿式报警阀，这时稳压泵设计流量该如何合理取值？

答：根据《消防设施通用规范》GB 55036—2022 第3.0.13条、《消防给水及消火栓系统技术规范》GB 50974—2014 第5.3.2条，稳压泵设计流量应满足系统正常泄漏量和系统自动启动流量的要求。

问题44：

《自动喷水灭火系统设计规范》GB 50084—2017 第8.0.6条“系统中直径等于或大于 100mm 的管道，应分段采用法兰或沟槽式连接件（卡箍）连接”。喷淋管径小于 100mm 的喷淋管道可否采用螺纹连接，而无需卡箍连接？

答：《自动喷水灭火系统设计规范》GB 50084—2017 第8.0.6条，未规定直径小于100mm以下管道的连接方式，此情况需按《消防给水及消火栓系统技术规范》GB 50974—2014 第8.2.9条执行。

问题 45：

根据《自动喷水灭火系统设计规范》GB 50084—2017 第 10.1.1 条及条文说明，喷淋系统也可由市政管网供水。当市政水压、水量满足要求时，能否直接采用市政管网供水？

答：可以，市政供水管应设倒流防止器，以防水质污染。

问题 46：

人防区内哪些区域需要设置自动喷水灭火系统？

答：根据《人民防空工程设计防火规范》GB 50098—2009 第 3.1.14 条，平战结合的人防工程应按平时使用功能设置自动喷水灭火系统；独立建造的人防工程应按《人民防空工程设计防火规范》GB 50098—2009 第 7.2.2 条、第 7.2.3 条设置自动喷水灭火系统。

问题 47：

喷淋支管减压孔板设置在信号阀前还是水流指示器之后，又或者信号阀与水流指示器之间。这三种方案，哪种更优？

答：规范没有具体要求，建议设置在水流指示器后。

问题 48：

一幢多层综合楼，一层、二层为食堂，三层为风雨操场，每层面积 1400m²，总建筑面积 4200m²，此建筑是否需要设置自动喷水灭火系统全保护？还是仅一层、二层食堂设置就可以？

答：如该建筑设置有送、回风系统的集中空调，各层均应设置自动喷水灭火系统；如该建筑不设置集中空调，各层可不设自动喷水灭火系统。

本案例属餐饮、体育场馆两种不同功能合建建筑，消防设施可按餐饮场所、场馆场所分别考虑。餐饮场所符合《建筑防火通用规范》GB 55037—2022 的第 8.1.9 条第 5 款要求时，需设置自动喷水灭火系统；风雨操场符合《建筑防火通用规范》GB 55037—2022 的第 8.1.9 条第 4 款时，需设置自动喷水灭火系统。

问题 49：

类似梁高 1200mm、梁宽 350mm 的这种大梁，梁间喷头不管如何布置都不能满足规范要求，此时是所有梁底都增设喷头吗？梁底增设喷头是否可采用直立型？

答：梁间喷头布置不能满足规范时，应在梁底增设喷头。梁底增设喷头可采用直立型，与梁底距离为 25～100mm。

问题 50：

当一栋多层建筑中有两个功能（办公与宿舍），不同的功能各为独立的防火分区，办公区的总建筑面积超过 3000m² 且采用有送回风系统的集中空调，宿舍区采用分体式空调。是否可以只在办公区设置自动喷水灭火系统？

答：可以只在办公区设置自动喷水灭火系统。

问题 51：

《自动喷水灭火系统设计规范》GB 50084—2017 第 9.2.1 条，“管道内的水流速度不应大于 10m/s”与《消防给水及消火栓系统技术规范》GB 50974—2014 第 8.1.8 条“任何消防管道的流速不应大于 7m/s”有矛盾，如何操作？

答：自动喷水灭火系统管道的流速不应大于 7m/s。

自动喷水灭火系统原来的水力计算公式采用苏联舍维列夫公式，流速可以是 10m/s。《自动喷水灭火系统设计规范》GB 50084—2017 的水力计算公式已改用美国海澄-威廉公式，该公式有一系列边界条件，其中流速边界条件是 7.6m/s，大于这个流速时，公式不适用。

《消防给水及消火栓系统技术规范》GB 50974—2014 将 7.6m/s 的最大流速调整为 7.0m/s，如果按海澄-威廉公式计算水头损失，就应该遵循这个计算公式的边界条件，流速不应大于 7.0m/s，最大不能超过 7.6m/s。

问题 52：

《自动喷水灭火系统设计规范》GB 50084—2017 第 7.1.16 条“防火分隔水幕的喷头布置，应保证水幕的宽度不小于 6m”，结合表 5.0.14 水幕系统的设计基本参数，防火分隔喷水强度为 2.0L/(s·m)，6m 宽度应如何理解？是喷水覆盖面宽度达到 6m 即可，还是 6m 宽度上均需要满足 2.0L/(s·m)？

答：满足喷水强度 2.0L/(s·m) 的覆盖面宽度应达到 6m。

问题 53：

消防水泵接合器应在每座建筑附近就近设置，对于集中设置报警阀间的建筑，自动喷水系统消防水泵接合器如何设置？

答：根据《消防给水及消火栓系统技术规范》GB 50974—2014 第 5.4.4 条，消防水泵接合器应在每座建筑附近就近设置。故区域消防系统集中设置报警阀间就不满足此规范要求，同时也不利于火灾时水泵接合器的使用。区域消防系统湿式报警阀和水泵接合器应分散设置。

问题 54：

《自动跟踪定位射流灭火系统技术标准》GB 51427—2021 第 4.5.15、4.5.16 和 4.5.17 三条均是对高位水箱和气压稳压装置的要求。依据以上条文，设置自动跟踪定位射流灭火系统的稳压泵扬程应按满足最不利点末端工作压力选取，那么是否会存在管网平时压力过高问题？设计中应如何执行？

答：单独系统不存在超压。共用时按需求压力高的系统选取稳压泵扬程，要求压力低的系统设置减压阀避免平时管网过高。

问题 55：

车库自喷系统中，规范中对最不利点喷头设计压力没有明确规定。

答：车库喷淋按中危险Ⅱ级，系统最不利喷头处工作压力不应低于 0.05MPa。

问题 56：

《自动喷水灭火系统设计规范》GB 50084—2017，严重危险Ⅱ级舞台葡萄架下，喷水强度 16L/(min·m²)，作用面积 260m²。若葡萄架下为高大空间，其喷水强度和作用面积应按照什么参数设计计算？

答：根据《自动喷水灭火系统设计规范》GB 50084—2017 第 5.0.10 条第 2 款，雨淋系统的喷水强度和作用面积应按本规范表 5.0.1 的规定值确定，且每个雨淋报警阀控制的喷水面积不宜大于表 5.0.1 中的作用面积。

建筑整体需设置自动喷水灭火系统时，附设在建筑内的剧场、会堂或礼堂无论规模、等级，其舞台葡萄架下均应按照严重危险Ⅱ级设置雨淋系统；独立建造的剧场、会堂或礼堂，雨淋系统的设置按照《建筑设计防火规范》GB 50016—2014（2018 年版）第 8.3.7 条第 5 款和《剧场建筑设计规范》JGJ 57—2016 第 8.3.4 条、第 8.3.5 条确定。

问题 57：

厂房坡屋顶中，喷头应垂直于屋脊设置，溅水盘与屋脊的距离也有要求。审图过程中遇屋脊处有钢结构、钢梁等构件，喷头如何设置？距离如何保证？

答：喷头按照《自动喷水灭火系统设计规范》GB 50084—2017 第 7.1.14 条设计，见图 3.2.57。当梁高大于条文说明中的 h 时，设在梁底即可。

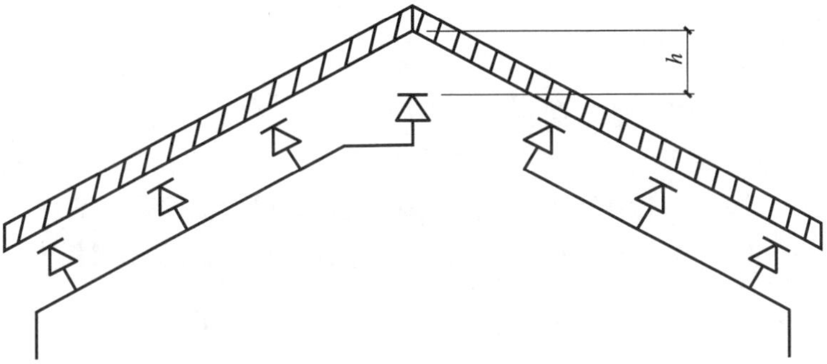

图 3.2.57　屋脊处设置喷头示意图

问题 58：

《建筑设计防火规范》GB 50036—2022 第 8.1.9 条第 9 款，设置在多层建筑第一层至第三层且楼层建筑面积大于 300m² 的地上歌舞娱乐放映游艺场所应设置自动灭火系统。此处的“楼层建筑面积”包括楼梯间吗？包括本层其他使用功能区域吗？

答：根据建筑专业提供的建筑面积确定。

问题 59：

《建筑防火通用规范》GB 55037—2022 第 8.1.10 条，对于敞开的机械车库需要设置自动灭火系统吗？

答：对于敞开的机械车库，按室外考虑，不需要设置自动灭火系统。但需要设置室外消火栓系统。

问题 60：

采用临时高压给水系统的自动喷水灭火系统，按《自动喷水灭火系统设计规范》GB 50084—2017 第 10.3.3 条的规定可不设置高位消防水箱，但系统应设气压供水设备。气压供水设备的有效水容积，应按系统最不利处 4 只喷头在最低工作压力下的 5min 用水量确定。按该条文规范要求计算出的气压供水设备的气压罐外形尺寸较大，会占用消防泵房空间。请问《消防设施通用规范》GB 55036—2022 实施后，该条文是否必须执行？

答：仍然执行，优先设置高位水箱。

问题 61：

《建筑设计防火规范》GB 50016—2014（2018 年版）第 5.4.13 条第 4 款，机房内设置储油间时，其总储存量不应大于 $1m^3$，储油间应采用耐火极限不低于 3.0h 的防火隔墙与发电机间分隔；确需在防火隔墙上开门时，应设置甲级防火门。满足此条件的储油间是否不必设自动灭火系统？如果要设，是否可以设置悬挂式干粉自动灭火装置？

答：应与柴油发电机房利用同样的灭火设施；可以采用干粉灭火装置。

问题 62：

桑拿房内是否可不设自动喷水灭火系统？

答：整体建筑设置自动喷水系统时，桑拿房内也应设置喷头，注意选用正确的喷头温度等级。

问题 63：

设有充电桩的地下车库，喷淋系统的水流指示器及末端试水装置是否按防火单元分别独立设计？

答：可不按防火单元设置，应根据防火分区设置水流指示器。

问题 64：

高层住宅与商业建筑合建时，商业喷淋系统是否需要单独设置消防水箱？

答：不需要。

问题 65：

多层公共建筑中规范未明确的建筑类型（如公寓），如何判定是否设置自动灭火系统？

答：应根据《建筑设计防火规范》GB 50016—2014（2018 年版）第 8.3.4 条功能相近的建筑判定是否设置自动灭火系统。表 3.2.65 列出几种第 8.3.4 条中未涵盖的多层公共建筑或场所对应的相近建筑。

表 3.2.65　规范未涵盖的建筑类型

建筑物名称	酒店式公寓	普通公寓	健身馆	教学楼	教学楼	航站楼
功能相近建筑	旅馆建筑	宿舍	体育馆	办公楼	图书馆	展览建筑

除《建筑设计防火规范》GB 50016—2014（2018 年版）第 5.4.9 条明确的歌舞娱乐放映场所的具体范围外，健身房、保龄球馆、台球馆、汗蒸房、足疗

店、有卡拉OK等功能的酒吧、棋牌室属于公共娱乐场所，其消防设施的设置参照“歌舞娱乐放映游艺场所”执行。

问题66：超级市场自动喷水灭火系统应如何划分危险等级？

答：净空高度不超过8m、物品堆高不超过3.5m为中危险级Ⅱ级；净空高度不超过8m、物品堆高超过3.5m为严重危险级Ⅰ级；最大净空高度超过8m时，按仓库危险级设计。

问题67：《自动喷水灭火系统设计规范》GB 50084—2017表5.0.2中未列举的高大空间自动喷水灭火系统设计参数应如何确定？

答：游客接待中心大厅、缆车中转大厅参照航站楼参数；高档餐厅局部上空、高校食堂参照中庭参数；新闻发布大厅、媒体中心参照音乐厅参数；展厅（天文馆、画廊）参照会展中心参数；歌舞厅参照音乐厅参数。未列入场所，可根据《自动喷水灭火系统设计规范》GB 50084—2017表5.0.2注1类比确定。

3.3 水喷雾、细水雾灭火系统

问题1：《消防给水及消火栓系统技术规范》GB 50974—2014第5.4.2条，自动喷水灭火系统、水喷雾灭火系统、泡沫灭火系统和固定消防炮灭火系统等水灭火系统应设置消防水泵接合器，而《水喷雾灭火系统设计规范》GB 50219—2014第5.4.1条，室内设置的系统宜设置水泵接合器。室外设置的水喷雾灭火系统是否可不设消防水泵接合器？

答：室外设置的水喷雾灭火系宜设置消防水泵接合器。

问题2：综合管廊内的自动灭火系统，除了采用细水雾灭火系统外，是否可以按照超细干粉灭火设计规范进行设计？

答：根据《城市综合管廊工程技术标准》GB/T 50838—2015符合第7.1.9条“干线综合管廊中容纳电力电缆的舱室，支线综合管廊中容纳6根及以上电力电缆的舱室应设置自动灭火系统；其他容纳电力电缆的舱室宜设置自动灭火系统”。该条文的自动灭火装置包括自动喷水灭火系统、水喷雾灭火系统、气体灭火系统等。气体灭火包括二氧化碳、七氟丙烷等。另外，干粉系统也适用。对电缆灭火更有效的系统是水喷雾和细水雾，管廊可以设置超细干粉灭火。

3.4 泡沫灭火系统

问题 1：

稳定轻烃球罐消防系统设计是否设置泡沫灭火系统？在《石油天然气工程设计防火规范》GB 50183—2015 中未见设计要求，但国内设计单位设计内容不同，有的设置了泡沫灭火系统，有的未设置，存在设计分歧。

答：稳定轻烃属于油品。这种油品易挥发，常压下为液体。如果采用球罐储存，要考虑流淌液体火灾的泡沫灭火。通常采用内浮顶罐或球罐储存，需要考虑设置泡沫灭火系统。

问题 2：

一类地下停车库，标准中为宜设置泡沫-自喷灭火系统，但是在设计中，两本标准的喷水强度、作用面积不同，在设计中应执行哪一本规范？

答：可设置泡沫-自动喷淋灭火系统。设置此系统时，应执行《泡沫灭火系统技术标准》GB 50151—2021 中的喷水强度、作用面积。

问题 3：

超高层建筑的机场停机坪是否必须设置泡沫消火栓，如何设置？

答：可设置普通消火栓。当必须设置泡沫消火栓时，应符合《民用直升机场飞行场地技术标准》MH 5013—2023 的相关规定。

3.5 自动跟踪定位射流和固定消防炮灭火系统

问题 1：

自动跟踪定位射流和固定消防炮灭火系统屋顶高位高位消防水箱出水干管上的流量与开关动作流量如何确定？稳压系统气压罐容积如何确定？设置自动跟踪定位射流灭火系统的稳压泵扬程按设满足最不利点末端工作压力选取，设计中应如何执行？

答：设置高位消防水箱或气压补压装置是为了保证电磁阀至水泵出口之间的

管道平时处于满水状态，《自动跟踪定位射流灭火系统技术标准》GB 51427—2021 中规定：高位消防水的设置高度应高于其所服务的灭火装置，且最低有效水位高度应满足最不利点灭火装置的工作压力。"消水规"中规定：高位消防水箱的设置位置应高于其所服务的水灭火设施，且最低有效水位应满足水灭火设施最不利点处的静水压力，并应符合下列规定：一类高层民用公共建筑不应低于 0.10MPa；但当建筑高度超过 100m 时不应低于 0.15MPa；自动喷水灭火系统等自动灭火系统应根据喷头灭火需求压力确定，但不应小于 0.10MPa。

大空间智能型主动喷水灭火系统与传统的自动喷水灭火系统的启动方式不同，该系统从主动寻找着火点到发信号启动水泵开始灭火所需的时间很短，一般只需要几十秒钟。设置高位消防水箱只是为了保证电磁阀至水泵出口之间的管道平时处于湿式满水状态，火灾时减少水流在管道中的流经时间，达到快速灭火的目的。

问题 2：

《自动跟踪定位射流灭火系统技术标准》GB 51427—2021 中表 4.3.1、表 4.3.2 规定了自动消防炮和喷射型自动射流灭火系统的性能参数，在同样的额定工作压力上限下，额定工作压力时的最大保护半径与市面上消防产品对比，都偏小。能否选择市场上保护半径偏大，但又符合国家消防 3C 认证的产品？

答：可以选用，所选设备应有国家认可部门的检测报告。

问题 3：

大空间智能喷水灭火系统与自动喷水灭火系统合用时，大空间智能喷水灭火系统消防用水量是否需单独计算？是否应对水炮系统与喷淋系统用水量进行比较后取大值？

答：应按《消防给水及消火栓系统技术规范》GB 50974—2014 第 3.6.1 条计算确定。在分析两个系统是否同时作用，不同时作用时取水量大者，同时作用时应叠加计算。

问题 4：

自动消防炮可以设计为干式系统吗？

答：应设计为湿式系统。《自动跟踪定位射流灭火系统技术标准》GB 51427—2021 中第 4.1.3 条自动控制阀前应采用湿式管路。

问题 5：

一栋 13m 高的丙类货架仓库，不供暖，可否设计高空水炮？

答：不可以。仓库等场所不可避免会有障碍物遮挡，且货架布局有可能调整。

问题 6：

大空间灭火系统只需要设置 1m³ 的消防水箱，而自动跟踪定位射流灭火系统的设计中按照《消防给水及消火栓系统技术规范》GB 50974—2014 的要求设置水箱和稳压装置，在设计大空间灭火系统的消防水箱是否应执行《消防给水及消火栓系统技术规范》GB 50974—2014 的要求？

答：水箱的设置应执行《消防给水及消火栓系统技术规范》GB 50974—2014 中的要求。

问题 7：

柴油发电机房是否可以采用水喷雾系统？如果采用水喷雾系统，其设计参数的供水强度、持续时间、响应时间参照《水喷雾灭火系统技术规范》GB 50219—2014 中第 3.1.2 条的哪一种保护对象执行？

答：柴油发电机自动喷水和水喷雾都可，应根据经济合理性确定。推荐采用水喷雾系统，供水强度为 20L/(min·m²)，持续时间 0.5h，响应时间 60s。

问题 8：

厨房灭火系统的开式、闭式设计参数如何确定？

答：执行《厨房设备灭火装置技术规程》CECS233：2007 的具体要求。厨房灭火系统有干粉系统、泡沫系统、高压细水雾系统等，一般为开式。首选高压细水雾系统。

问题 9：

水喷雾与自喷系统能否合用消防泵？高压细水雾与水喷雾系统能否合用消防泵？流量是否叠加计算？

答：压力相当的系统消防泵应合用，如水喷雾与自喷可合用。高压细水雾系统应单独设置。

3.6 气体灭火系统

问题 1：

高层建筑中变配电房是否需要设置气体灭火系统？多层、单层建筑中的变配电房是否需要设置气体灭火系统？

答：根据《建筑设计防火规范》GB 50016—2014（2018 年版）第 8.3.9 条的条文说明，高层民用建筑内火灾危险性大，发生火灾后对生产、生活产生严重影响的配电室等，属于特殊的重要设备室，应设置气体灭火系统。多层、单层建筑中的变配电房应按其重要性确定是否设气体灭火系统；在符合《消防设施通用规范》GB 55036—2022 第 10.0.1 条第 5 款时，应设气体灭火系统。

问题 2：

高层建筑中的配电间、电表间、弱电间、电信接入间、消防控制室是否应设气体灭火系统？

答：配电间、电表间、弱电间、电信接入间通常与电缆竖井在一起，建筑中的管道井、电缆井等竖向管井是烟火竖向蔓延的通道，需采取在层楼板处用相当于楼板耐火极限的不燃材料等防火措施分隔，《公安部 消防局关于印发〈建筑高度大于 250 米民用建筑防火设计加强性技术要求（试行）〉的通知》（公消〔2018〕57 号）第十六条规定："电梯机房、电缆竖井内应设置自动灭火设施"。因此，建筑高度大于 250m 的民用建筑的电梯机房、电缆竖井应设置自动灭火措施，其余高层建筑的电梯机房、电缆竖井可不设置自动灭火措施，有条件时宜设置自动灭火措施。

消防控制室应长期有人值守，火灾时也不能撤离，不应设置气体灭火系统。

问题 3：

哪些变配电所需要设置气体灭火系统？

答：（1）设置在高层民用建筑主体内的变配电所。

（2）设置在高层民用建筑裙房、地下室为高层民用建筑服务且有消防负荷的其他变配电所。

（3）设置在建筑面积大于 10 万 m^2 的商业综合体内的变配电所。

（4）设置在地下室的建筑面积大于 10 万 m^2 的商业综合体且有消防负荷的变配电所（油浸变压器不宜采用气体消防）。

问题 4：

消防设施采用洁净气体灭火系统的工程，如设计明确由有资质的专业厂家深化设计，对设计单位设计深度有哪些要求？需要明确哪些主要参数和要求？泄压口的设置、防护区围护结构安全等要求是否需在水专业的设计文件中有表述？

答：给排水专业的设计文件中应明确采用气体灭火的种类、形式、主要设计参数、泄压口设置、防护区围护结构安全要求等。

问题 5：

在有吊顶及或夹层的防护区容积的计算中，是否需要考虑吊顶及架空层（夹层）的体积？

答：防护区围护结构所能承受的压强不宜低于 1200Pa。变配电室内电缆沟和变配电室结构夹层可满足此压强要求。当吊顶及地面架空层不满足此要求时，需将吊顶和架空层体积与配电室体积叠加计算，作为总体积计算气体灭火设计用量；如吊顶及地面架空层满足此压强要求，则计算配电室体积时不叠加吊顶及架空层体积。

问题 6：

按照《气体灭火系统设计规范》GB 50370—2005 规定，组合分配式喷头的安装高度不宜大于 6.5m，但是在实际工程中，如遇大于 7.0m 的情况，应如何设计？

答：《气体灭火系统设计规范》GB 50370—2005 中第 3.1.12 条第 1 款规定，喷头最大保护高度不宜大于 6.5m；第 3.1.13 条规定喷头宜贴近防护区顶面安装，距顶面的最大距离不宜大于 0.5m。当房间高度大于 7.0m 时，首先应满足喷头安装高度不大于 6.5m，这是因为气体灭火系统喷头为开式喷头，没有集热作用，因此当两个条件同时出现时，优先满足第 3.1.12 条第 1 款。需分析空间的特征以及洁净气体的特征，采用适当的措施，如吊顶层、2 层喷头等。

问题 7：

泄压口的安装高度是以房间的净高为依据吗？

答：当防护区有地面架空层及吊顶时，架空层及吊顶层不能满足防护压强要求是因为，防护区净高等于 h（吊顶层）$+h$（净高）$+h$（架空层）；当防护区夹层地面可满足防护压强要求时，防护区净高为机房地面到机房顶板板底的高度，夹层泄压口通过检修孔设置，泄压至机房防护区。泄压口设置高度指的是泄压口下边缘高度。

3.7 建筑灭火器

问题 1：

单层、多层、高层、超高层民用建筑的架空层、开敞式外走廊是否需要配置灭火器？

答：（1）架空层、开敞式外走廊属建筑的公共部位，均需设置灭火器。

（2）住宅的架空层、开敞式外走廊属住宅的公共部位，除住宅建筑套内可不配置灭火器外，其他部位应设置灭火器。

问题 2：

强、弱电竖井是否需要按 E 类火灾配置灭火器或超细干粉灭火装置？

答：《公安部 消防部关于印发〈建筑高度大于 250m 民用建筑防火设计加强性技术要求（试行）的通知〉（公消〔2018〕57 号）》第十六条规定："电梯机房、电缆竖井内应设置自动灭火设施"。按《建筑灭火器配置设计规范》GB 50140—2005 第 3.1.2 条的条文说明"E 类火灾是建筑灭火器配置设计的专用概念，主要指发电机、变压器、配电盘、开关箱、仪器仪表和电子计算机等在燃烧时仍旧带电的火灾，必须用能达到电绝缘性能要求的灭火器来扑灭。对于那些仅有常规照明线路和普通照明灯具而且并无上述电气设备的普通建筑场所，可不按 E 类火灾的规定配置灭火器"。

问题 3：

车库灭火器设置应按哪个危险等级？

答：机动车库应按 A、B 类火灾场所，配建充电基础设施的机动车库、停车场应按 A、B、E 类火灾场所配置灭火器，灭火器配置场所的危险等级不低于中危险级，并应符合下列规定：

（1）灭火器配置应符合《建筑灭火器配置设计规范》GB 50140—2005 的相关规定。

（2）在充电基础设施附近，宜增加配置推车式灭火器。

灭火器配置其他场所的火灾危险等级补充：

（1）一类高层大型商业、地下大型商业按严重危险级配置灭火器。

（2）银行等金融办公场所的凭证库、档案库房按严重危险级配置灭火器。

（3）数据中心按 E 类火灾，严重危险级配置灭火器。

问题 4：

《建筑灭火器配置设计规范》GB 50140—2005 附录 C：高一类办公楼，局部楼层改为教育培训机构，灭火器配置应按原有办公楼（严重危险级）危险等级考虑，还是按学校（中危险等级）危险等级考虑？

答：按照建筑物定性配置灭火器，应按照严重危险级。

问题 5：

学校建筑灭火器配置火灾危险等级按中危险级还是严重危险级？

答：幼儿住宿床位在 50 床及以上的托儿所、幼儿园，学生住宿床位在 100

床及以上的学校集体宿舍为严重危险级；其他为中危险级。

问题6：

商业建筑灭火器危险等级如何确定？

答：商业建筑灭火器配置的危险等级可按《建筑灭火器配置设计规范》GB 50140—2005附录D确定。

问题7：

《建筑设计防火规范》GB 50016—2014（2018年版）要求高层住宅的公共部位应设置灭火器，其他住宅公共部位宜设灭火器。《建筑灭火器配置设计规范》GB 50140—2005规定住宅每层的公共部位建筑面积超$100m^2$时，设置1具。那么公共部位不超$100m^2$时，是否设置灭火器？计算单元的保护面积、保护距离是否包含本层户内？

答：高层住宅的公共部位均设置建筑灭火器，每层作为一个计算单元不少于1具。公共部位不超$100m^2$时，也应设置灭火器。计算单元的保护面积、保护距离不包含本层户内。

第 4 章　供暖、通风和空气调节

4.1　防烟设施

问题 1：

建筑首层大堂具有扩大前室功能时，是按前室要求设置防烟系统还是按大堂要求设置排烟系统？如设置加压送风系统，风量如何确定？

答：扩大前室应设置防烟系统。当首层大堂为扩大前室或扩大合用前室时，宜优先采用自然通风的防烟方式，此时不受建筑高度限制。扩大前室可开启外窗或开口的面积应按扩大前室地面面积的 3%计算，且不应小于 2.0m^2；扩大合用前室可开启外窗或开口的面积应按扩大合用前室地面面积的 3%计算，且不应小于 3.0m^2。如果不能满足自然通风条件，应设置机械加压送风系统，送风量应按照《建筑防烟排烟系统技术标准》GB 51251—2017 第 3.4.5 条计算。

问题 2：

地下、半地下建筑（室）的封闭楼梯间、防烟楼梯间采用自然通风，其可开启外窗面积如何确定？

答：对于地下三层及以上（或最底层室内地面与室外出入口地坪高差大于 10m）的防烟楼梯间，应采取机械加压送风的防烟方式。当楼梯间贴邻下沉式广场等室外空间布置、层数不大于三层时，可采用自然通风。

对于采用自然通风的地下、半地下楼梯间，除了满足《建筑防烟排烟系统技术标准》GB 51251—2017 第 3.1.6 条规定的情况外，应在地下楼梯间的外墙上设置总面积不小于 2.0m^2 的可开启外窗或开口，其中包含最高部位所要求的不小于 1.0m^2 可开启外窗或开口。

问题 3：

地下一层、二层楼梯间的前室或合用前室通过采光井自然通风防烟时，采光井截面积有何要求？

答：采光井截面积应按不小于各层通风防烟所需面积之和计算。

问题4:

《消防设施通用规范》GB 55036—2022 第 11.2.1 条"下列建筑的防烟楼梯间及其前室、消防电梯的前室和合用前室应设置机械加压送风系统:(1)建筑高度大于 100m 的住宅;(2)建筑高度大于 50m 的公共建筑;(3)建筑高度大于 50m 的工业建筑。"对于建筑高度大于 50m 的公共建筑、工业建筑和建筑高度大于 100m 的住宅建筑,其主楼投影范围内仅为 50m 以下部位服务的楼梯间及前室(含独立前室、消防电梯前室、合用前室、共用前室)能否采用自然通风方式?其主楼投影范围内地下楼梯间及前室能否采用自然通风方式?

答:《消防设施通用规范》GB 55036—2022 第 11.2.1 条规定的三类建筑其主楼投影范围内的 50m 以下部位服务的楼梯间及前室均应设置机械加压送风系统(包含地下室)。

裙楼部分与主楼部分之间的交界处(在主楼投影线及以外)若采取防火分隔措施(防火墙、甲级防火门或特级防火卷帘)且主楼部分的疏散楼梯为直通首层至室外,则裙楼部分的楼梯间及前室可采用自然通风。

问题5:

《建筑设计防火规范》GB 50016—2014(2018 年版)第 5.5.14 条"老年人照料设施内的非消防电梯应采取防烟措施,当火灾情况下需用于辅助人员疏散时,该电梯及其设置应符合本规范有关消防电梯及其设置的要求。"这里的防烟措施应该如何执行?

答:可以按《〈建筑设计防火规范〉图示》18J811—1 第 5~60 页执行,即在候梯厅与疏散走道之间设置普通平开门或挡烟垂壁等防烟设施。

问题6:

《建筑防烟排烟系统技术标准》GB 51251—2017 第 3.1.6 条"当地下、半地下建筑(室)的封闭楼梯间不与地上楼梯间共用且地下仅为一层时,可不设置机械加压送风系统,但首层应设置有效面积不小于 $1.2m^2$ 的可开启外窗或直通室外的疏散门。"当地下、半地下建筑(室)的封闭楼梯间虽然设置有直通室外的疏散门,但有门斗时,是否可按本条执行?

答:对于防排烟系统,门斗不视为直通室外。

问题7:

加压送风机泄压旁通管能否泄压至风机房、车库或走道内?

答：加压送风机不可以泄压至风机房和走道，可以泄压至车库。

问题 8：防火涂料能否用作防烟风管防火包覆？

答：防火涂料粘附力有限，施涂好防火涂料的板材容易受碰撞等各种外力破坏，现场保护难度高；防排烟系统调试、验收和后续运行维护均需经常启动防排烟风机，风机启动会产生较大震动，必定对防火涂料的附着性能造成不利影响。为确保防排烟管道耐火完整性和隔热性，即满足《建筑防烟排烟系统技术标准》GB 51251—2017 规定的防排烟管道耐火极限要求，不应采用防火涂料。

鼓励采用防火板填充岩棉、柔性防火卷材、新型板状防火棉等成熟可靠的包覆材料，通过机械固定、柔性包覆（裹）等方式固定在镀锌钢板风管表面，以满足耐火极限的相关要求；也可直接选用满足耐火极限要求的复合成品风管、工业一体化硅酸钙板风管等。

问题 9：对住宅建筑中的前室进行送风量计算时，子母门是否可以按单扇门考虑？

答：住宅建筑子母门以较大开启扇面积计算取值。

问题 10：《建筑防烟排烟系统技术标准》GB 51251—2017 第 3.2.1 条、第 3.2.2 条中所说的“可开启外窗面积”如何计算？与“自然排烟窗有效排烟面积”有何区别？

答：计算面积的方式不同。若标准中明确是可开启的有效面积，则需要按《建筑防烟排烟系统技术标准》GB 51251—2017 第 4.3.5 条的规定进行计算；若标准未明确是有效面积，则无需考虑开启角度等因素，而是直接按建筑门窗详图的可开启外窗尺寸计算。

问题 11：对于住宅三合一前室，存在两个前室疏散门，两个楼梯间疏散门。计算门洞风速时是按照 0.6×（1＋两个楼梯间门面积之和/两个合用前室门面积之和），还是按照 0.6×（1＋两个楼梯间门面积之和/合用前室面积较大的门面积）？

答：按照《建筑防烟排烟系统技术标准》GB 51251—2017 第 3.4.6 条要求执行。门洞风速不应小于 0.6×（1＋两个楼梯间疏散门面积之和/两个合用前室疏散门面积之和)。

问题 12:

采用三合一前室的剪刀楼梯间是否可采用自然通风?有哪些要求?

答:三合一前室应采用机械加压送风。楼梯间可以采用自然通风,应满足《建筑防烟排烟系统技术标准》GB 51251—2017 第 3.2 节的相关要求。

问题 13:

楼梯间加压风管穿越前室、合用前室、共用前室时,其风管耐火极限如何确定?

答:不应低于穿越墙体所要求的耐火极限。

问题 14:

同一避难走道的多个前室是否需要分开设置加压送风?

答:建议分开设置;如合用,风量应叠加,但同一加压送风系统承担的前室数量不应超过两个且应有可靠的保证各前室风口风量均匀的措施。

问题 15:

同一楼梯间设有多个前室时,前室是否可采用同一套加压送风系统?

答:前室当位于水平方向的平面时,同一部楼梯间的不同前室可以共用一套加压送风系统,但风量应叠加,且应有可靠的保证各前室风口风量均匀的措施。

4.2 排烟设施

问题 1:

对于不规则形状,如 L 形、T 形、多边形、圆形等防烟分区长边长度如何确定?

答:对于走道或回廊(含单条或多条组合),其防烟分区的长边长度可按防烟分区内任意一点沿烟气扩散路径蔓延的最大沿程距离确定,常见走道或回廊防烟分区的长边长度可参照图 4.2.1 确定,且应符合《建筑防烟排烟系统技术标准》GB 51251—2017 第 4.2.4 条的规定。

问题 2:

当疏散走道以门分隔为多段时,是否可以按每一段的长度来判断是否需要设置排烟设施?

答：应按照疏散走道总长度判断是否设置排烟设施。

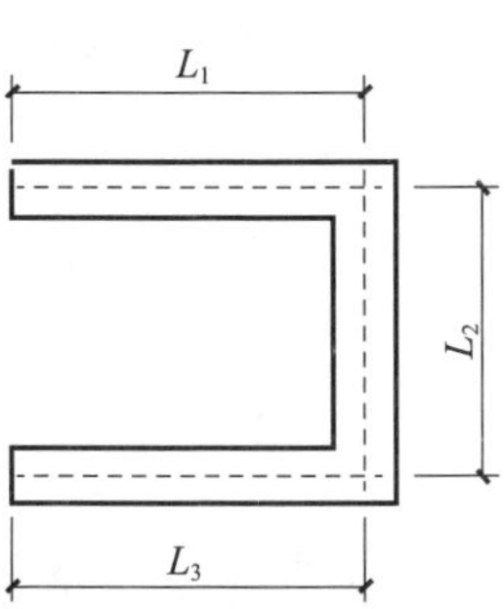

走道防烟分区长边长度

$L_{max}=L_1+L_2+L_3$

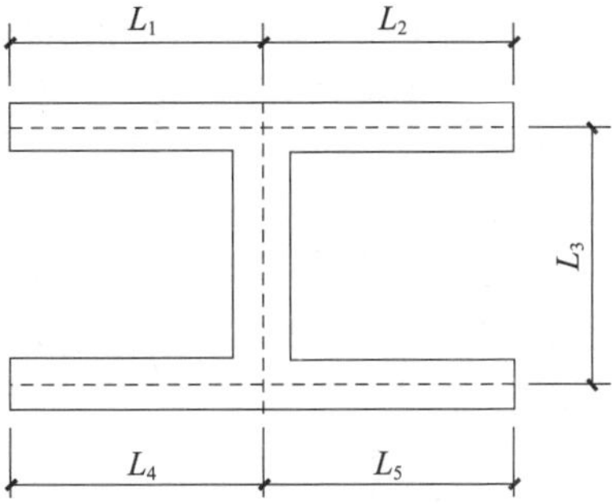

走道防烟分区长边长度（$L_1>L_2$）

当 $L_4<L_5$ 时，$L_{max}=L_1+L_3+L_5$

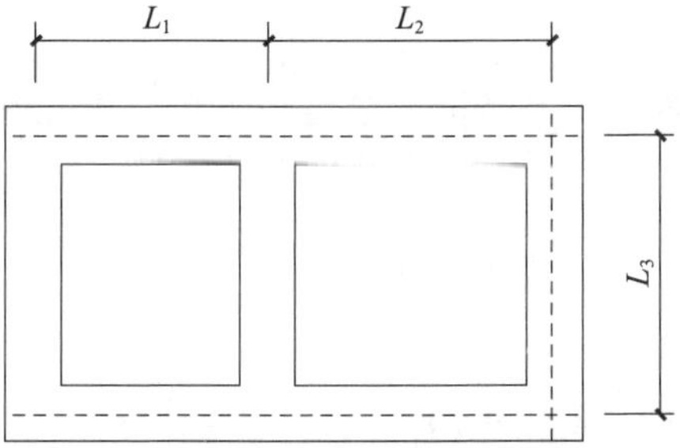

走道防烟分区长边长度

$L_{max}=L_1+L_2+L_3$

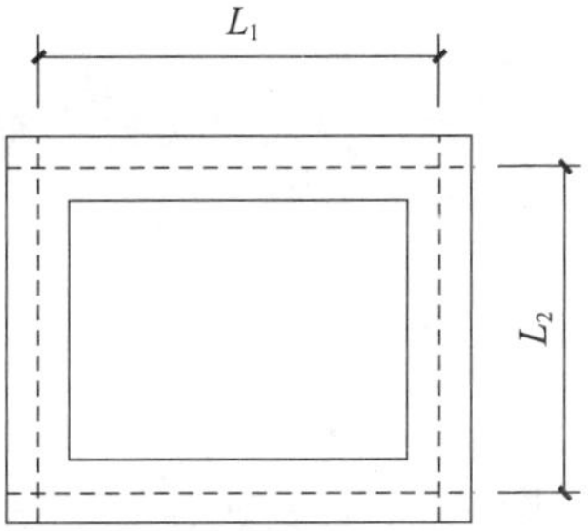

走道防烟分区长边长度

$L_{max}=L_1+L_2$

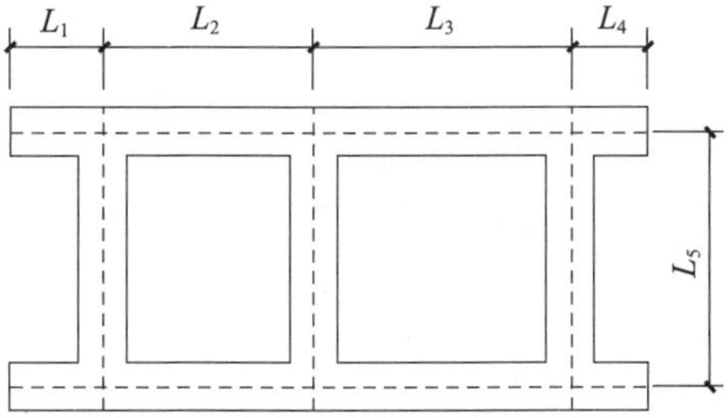

走道防烟分区长边长度

$L_{max}=L_1+L_2+L_3+L_5+L_4$

图 4.2.1　常见走道或回廊防烟分区的长边长度

问题 3：

《建筑防烟排烟系统技术标准》GB 51251—2017 第 4.2.4 条，当走道局部宽度大于 2.5m 时防烟分区长边的控制要求，是否可以给出量化标准？

答：走道主体宽度不大于 2.5m，局部变宽的累计长度不大于走道总长度的 1/4，累计总面积不大 150m² 时，没有改变走道性质，可按《建筑防烟排烟系统技术标准》GB 51251—2017 第 4.2.4 条注 1 执行。

问题 4：

当中庭与周围场所未采用防火隔墙、防火玻璃隔墙、防火卷帘时，中庭与周围场所之间应设置挡烟垂壁。中庭首层是否也需按此执行？

答：中庭首层需按此执行。

问题 5：

针对“高大空间的周围区域”的定义，防烟分区能否划分到高大空间内？

答：高大空间的周围区域，可划分到高大空间防烟分区内。

问题 6：

类似阶梯教室这样的房间，其设计清晰高度如何计算？

答：（1）对于斜坡屋面或顶棚（包含人字形屋顶），当排烟窗（口）设置于斜坡屋面或侧墙时（见图 4.2.6-1、图 4.2.6-2 所示），清晰高度为：

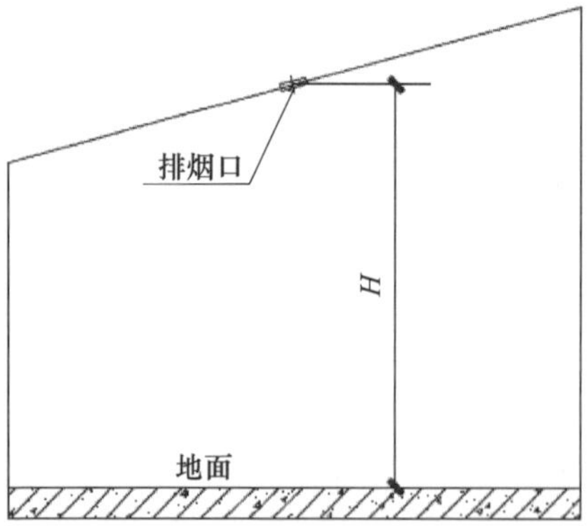

图 4.2.6-1　斜坡屋面（顶排烟）

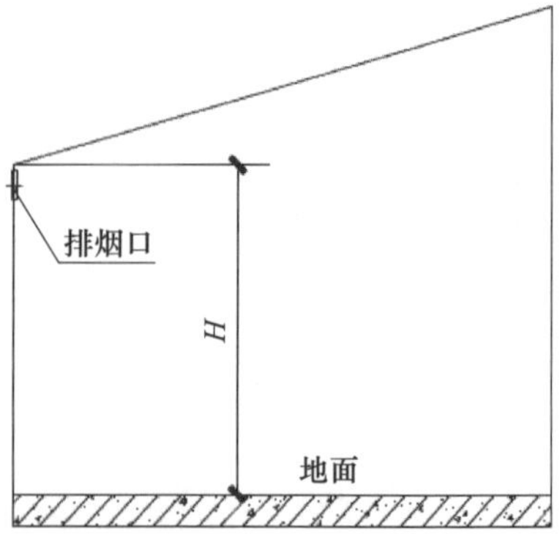

图 4.2.6-2　斜坡屋面（侧墙排烟）

$$H_q=1.6+0.1H$$

式中：H_q——最小清晰高度（m）；

H——如图 4.2.6-1、图 4.2.6-2 所示高度。

（2）对于阶梯式地面的场所（如图 4.2.6-3 所示），清晰高度为：

$$H_q=1.6+0.1H_2+2/3\ (H_1-H_2)$$

式中：H_q——最小清晰高度，以±0.000 开始计算（m）；

H_1、H_2——如附图 4.2.6-3 所示高度。

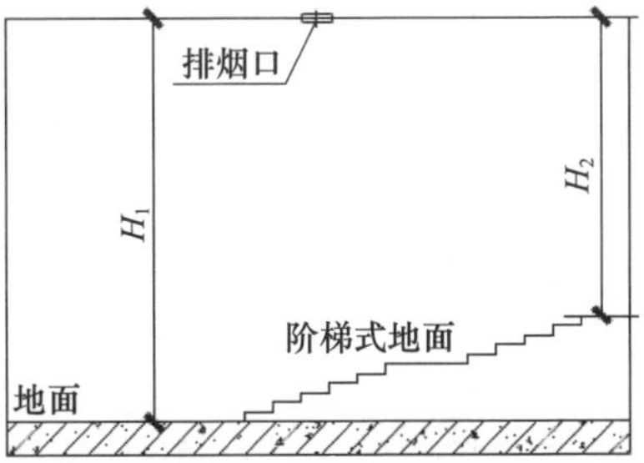

图 4.2.6-3　阶梯式地面场所

问题 7：

《建筑防烟排烟系统技术标准》GB 51251—2017 第 4.3.2 条，防烟分区内任一点与最近的自然排烟窗（口）之间的水平距离要求“当工业建筑采用自然排烟方式时，其水平距离尚不应大于建筑内空间净高的 2.8 倍”。是否不管工业建筑内空间净高是多少都执行此条？

答：对于采用自然排烟方式的工业建筑，当其建筑空间净高小于或等于 10.7m 时，防烟分区内任一点与最近的自然排烟窗（口）的水平距离不应大于 30m；建筑空间净高大于 10.7m 时，该水平距离不应大于建筑内空间净高的 2.8 倍。

问题 8：

《建筑防火通用规范》GB 55037—2022 第 8.2.2 条第 1 款规定的丙类生产场所 300m² 是指厂房内任一空间（房间）的建筑面积还是总建筑面积？

答：厂房内任一空间（房间）的建筑面积。

问题 9：

同一个防火分区内的两个相邻防烟分区，一个采用机械排烟，另一个采用自然排烟，仅用挡烟垂壁分隔是否可行？

答：可采用此种方式，挡烟垂壁高度应按其中较大值确定。

问题10：

疏散通道处电动挡烟垂壁降落距地高度是否需要满足安全疏散高度要求？

答：空间净高不大于3m的走道或者室内场所，挡烟垂壁深度满足《建筑防烟排烟系统技术标准》GB 51251—2017第4.6.2条规定的同时，挡烟垂壁底距地高度应符合《建筑防火通用规范》GB 55037—2022第7.1.5条的规定，不应小于2.1m。净高不大于3m场所的挡烟垂壁设置，可采取如下满足安全疏散高度要求的措施：

（1）可设置开孔（均匀分布）率大于25%的通透式吊顶或无吊顶，抬升储烟仓的底部标高。

（2）与建筑专业协调，增加层高。

问题11：

《建筑防烟排烟系统技术标准》GB 51251—2017第4.4.8条、第4.5.7条仅提出排烟管道、补风管道等消防风管的耐火极限要求，对防火包覆做法有何规定？

答：鼓励采用防火板填充岩棉、柔性防火卷材、新型板状防火棉等成熟可靠的包覆材料，通过机械固定、柔性包覆（裹）等方式固定在镀锌钢板风管表面，以满足耐火极限的相关要求；也可直接选用满足耐火极限要求的复合成品风管、工业一体化硅酸钙板风管等。

如采用复合成品风管，应满足《通风管道耐火试验方法》GB/T 17428—2009和《建筑防烟排烟风管防火性能试验方法标准》T/CECS 886—2021中关于耐火完整性和耐火隔热性测试要求，可不再设置隔热措施。

吊顶内有可燃物时，排烟风管隔热层应采用厚度不小于40mm的不燃绝热材料，需满足《建筑防烟排烟系统技术标准》GB 51251—2017第4.4.9条及第6.3.1条的规定，工艺做法还应满足《通风管道耐火试验方法》GB/T 17428—2009和《建筑防烟排烟风管防火性能试验方法标准》T/CECS 886—2021对耐火极限的测试要求，同时应与其国家级检验机构出具的耐火极限检验报告中描述的工艺做法相符合，如柔性包覆与钢质风道之间填充防火胶等做法。

防烟风管和排烟风管的耐火性能应包括完整性和隔热性，达到下列任一条件应视为达到耐火极限：

（1）测量表面温升热电偶的平均温升超过140℃或其中任一只热电偶的温升超过180℃时，失去隔热性。

（2）试件背火面出现火焰并持续燃烧时间达到10s及10s以上时，失去完整性。

（3）用干燥脱脂棉靠近管体表面出现的破损处，脱脂棉被点燃时，失去完整性。

（4）管体或管体与支承结构之间出现裂缝时可进行裂缝测量，直径为6mm

的缝隙探棒能从开口或裂缝处穿透试件且沿开口或裂缝移动 150mm 的距离；或直径 25mm 的缝隙探棒能从开口或裂缝处穿透试件时，失去完整性。

问题 12：

对于商业隔间等场所有外门但无外窗的房间（面积 $50\sim100m^2$），是否按无窗房间考虑设置排烟？

答：商业隔间等场所具有直接对外的门时，可按有窗房间考虑。

问题 13：

建筑内的地下电梯厅（客梯）、地下门厅当其建筑面积大于 $50m^2$ 时是否需设置排烟设施？

答：当地下电梯厅、地下门厅等场所建筑面积大于 $50m^2$ 时应设置排烟设施。

问题 14：

设置气体灭火系统、细水雾灭火系统的场所，按规范要求应设置排烟系统时，是否设置？

答：设置气体灭火系统、细水雾灭火系统的场所，因排烟系统运行与灭火系统冲突，故可不设排烟。

问题 15：

《建筑防烟排烟系统技术标准》GB 51251—2017 第 4.4.2 条中，机械排烟系统竖向服务高度如何确定？

答：《建筑防烟排烟系统技术标准》GB 51251—2017 第 4.4.2 条中“每段高度”指排烟系统服务楼层的最下面一层地面到最上一层顶板的高度，不包括系统服务楼层以外空间的风管高度。

问题 16：

《建筑防烟排烟系统技术标准》GB 51251—2017 第 4.2.3 条“设置排烟设施的建筑内，敞开楼梯和自动扶梯穿越楼板的开口部应设置挡烟垂壁等设施。”多层建筑顶层敞开部位是否还需要设置挡烟垂壁？

答：顶层可不设置挡烟垂壁。

问题 17：

《建筑防火通用规范》GB 55037—2022 第 8.2.2 条第 3 款“建筑面积大于 $5000m^2$ 的丁类生产场所应设置排烟设施”。此处“生产场所”指总建筑面积还是一个房间的面积？

答：指一个生产车间（房间）的面积。

问题 18：

地下车库防烟分区长边最大允许长度是否也要执行《建筑防烟排烟系统技术标准》GB 51251—2017 第 4.2.4 条？

答：《建筑防烟排烟系统技术标准》GB 51251—2017 第 4.2.4 条注 3：明确汽车库的防烟分区的划分应符合《汽车库、修车库、停车场设计防火规范》GB 50067—2014 的相关规定执行，该规范目前没有防烟分区长度要求。

问题 19：

地下汽车库坡道是否需设排烟设施？

答：汽车库坡道不停留汽车，火灾时也不做疏散通道时，可不设排烟设施。

问题 20：

地下车库两个防火分区分别设置机械排烟系统，当两个防火分区的风机合用机房和排出竖井时，出风竖井横截面尺寸可否只考虑一个防火分区着火？是否按两个防火分区中较大排烟风量计算确定？

答：可只考虑一个防火分区着火，按两个防火分区中较大分区的排烟风量计算确定，即按发生一次火灾的风量计算。

问题 21：

对于地下汽车库内配建充电设施的防火单元，应如何界定？能否等同于一个单独防火分区？排烟系统单独设置还是可以合用？

答：当汽车库按《电动汽车分散充电设施工程技术标准》GB/T 51313—2018 划分防火单元且防火单元之间采取耐火极限不小于 2.00h 的防火隔墙或防火卷帘分隔防止火势及烟气蔓延时，同一防火分区内的防火单元可合用通风系统、排烟系统、补风系统（不可与汽车库其他非充电设施区域合用），但每个系统负担的防火单元数量不应超过 2 个；合用系统的排烟量可按最大一个单个防火单元的排烟量确定，各个防火单元的风管应独立设置，每个防火单元内应设置机械（自然）补风口。

问题 22：

地下非机动车库的排烟设置如何设计？

答：对于地下室（或半地下室）一个防火分区内无充电设施且与相邻场所（或部位）之间采取了防火分隔措施的非机动车库，当单个非机动车库建筑面积大于 $50m^2$ 或被分隔成多个隔间且其总建筑面积大于 $200m^2$ 时，应设置排烟设施，按照《建筑防烟排烟系统技术标准》GB 51251—2017 相关规定执行。

对于设有充电设施的地下室（或半地下室）内的非机动车库，当其单个建筑面积大于 50m^2 或总建筑面积大于 200m^2 时，应设置排烟设施；当采用机械排烟方式时，其防烟分区的排烟量应按不小于 90m^3/（h · m^2）计算且不小于 15000m^3/h 确定；当采用自然排烟方式时，自然排烟窗（口）的有效面积应按不小于地面面积的 3%确定。

对于建筑空间净高不大于 3m 的住宅建筑内的非机动车库，其防烟分区的最大允许长度不应大于 24m（即按净高的 8 倍确定）。

问题 23：

《民用建筑电气设计标准》GB 51348—2019 第 6.1.14 条第 2 款"柴油发电机房设置在高层民用建筑的地下层时应设置防烟、排烟、防潮及补充新风的设施。"这是电气规范中提到的对暖通专业的要求，是否执行？

答：该条是指柴油发电机高温烟气的排放措施，不是防火规范中定义的防烟、排烟设施，但需设置满足柴油机进风及废气排出的装置。

问题 24：

游泳池的池水区、池边休息区、浴室洗浴区是否需设排烟设施？

答：当游泳馆仅设置泳池，无看台、活动区等与池水区相通的区域，并且不可能有烟气产生或受其他部位烟气的侵害时，可不设排烟设施。游泳馆的看台、活动区、浴室洗浴区等应按照《建筑设计防火规范》GB 50016—2014（2018 年版）规定设置排烟设施，池水区通过挡烟垂壁等措施隔开时，池水区可不设排烟设施。

问题 25：

《建筑防烟排烟系统技术标准》GB 51251—2017 第 4.6.3 条第 3 款、第 4 款：如何理解公共建筑房间内，走道或回廊均需设置排烟的情况？针对住宅建筑及住宅地下室走道、工业建筑内的走道的排烟设计是否参照本条？

答：公共建筑内与走道或回廊相连通的经常有人停留或可燃物较多的房间（卫生间，设备电气用房除外）均设置排烟设施时，走道或回廊的排烟设计执行《建筑防烟排烟系统技术标准》GB 51251—2017 第 4.6.3 条第 4 款；其他情况均执行《建筑防烟排烟系统技术标准》GB 51251—2017 第 4.6.3 条第 3 款。住宅建筑及住宅地下室走道、工业建筑内的走道的排烟设计参照本条执行。

问题 26：

《建筑设计防火规范》GB 50016—2014（2018 年版）第 8.5.3 条第 1 款规定，设置在四层及以上楼层、地下或半地下的歌舞娱乐放映游艺场所应设置排烟设施。是否可以理解为无论房间大小，所有房间均应设置排烟设施？

答：对于以上需要设置排烟设施的房间，当其房间建筑面积小于 $50m^2$ 时，可通过走道排烟，即排烟口可以设在走道。

问题 27：

《建筑防火通用规范》GB 55037—2022 第 2.2.5 条第 4 款：总建筑面积大于 $1000m^2$ 的歌舞娱乐放映游艺场所中的房间和走道应在其外墙和（或）屋顶上设置应急排烟排热设施；针对这类场所未设置在外墙处的房间和走道如何设置应急排烟排热设施？

答：应急排烟排热设施的设置应按《建筑防火通用规范》GB 55037—2022 第 2.2.5 条要求进行设置，具体应与建筑专业协商解决。

问题 28：

担负一个防烟分区采用常开排烟口时是否需要设置排烟阀？

答：《建筑防烟排烟系统技术标准》GB 51251—2017 第 5.2.2 条中规定了排烟风机、补风机的 5 种控制方式，对于汽车库、高大空间等按防烟分区单独设置的机械排烟系统的，末端排烟口为常开风口，能满足现场手动开启排烟风机的情况下，可不再设置排烟阀。

问题 29：

《建筑防烟排烟系统技术标准》GB 51251—2017 第 4.4.9 条“当吊顶内有可燃物时，吊顶内的排烟管道应采用不燃材料进行隔热，并应与可燃物保持不小于 150mm 的距离”。吊顶内管道外包的 B1 级保温材料是否属于吊顶内有可燃物的情形？

答：根据《建筑材料及制品燃烧性能分级》GB 8624—2012 第 4 节表 1 规定，建筑材料及制品的燃烧性能等级分为：B1 级属难燃材料，B2 级属可燃材料，B3 级属易燃材料。

问题 30：

面积大于 $50m^2$ 的无窗洁净手术室是否需要设置排烟设施？

答：无窗洁净手术室房间面积在 50～$100m^2$ 时，排烟口可设置在走廊内；当房间面积超过 100m² 时，应在房间内设置排烟口，同时排烟口的设置还应满足《医院洁净手术部建筑技术规范》GB 50333—2013 第 12.0.11 条有关要求。

问题 31：

《火力发电厂与变电站设计防火标准》GB 50229—2019 第 8.7.1 条“火力发电厂生产建筑和辅助建筑内的下列场所应设置排烟设施，其他场所可不设置排烟措施（其他场所：主厂房、驻煤场等场所因其工艺及建筑的特殊性可不设置排烟设施）。”非火力发电的煤棚（工艺及使用方式与火力发电厂驻煤场类似）是否可以参考此规范不设置排烟设施？

答：按照《建筑防火通用规范》GB 55037—2022 第 8.2.2 条，煤棚属于火灾发展缓慢的场所，可不设置排烟设施。

问题 32：

对于已设置事故机械通风的燃气厨房操作间，是否可依据《建筑设计防火规范》GB 50016—2014（2018 年版）第 8.5.2 条条文解释，采取加强事故通风的场所可不再设排烟设施？

答：燃气厨房不属于第 8.5.2 条规定的厂房或仓库丙类生产场所，应按《建筑设计防火规范》GB 50016—2014（2018 年版）第 8.5.3 条规定设置排烟设施。

问题 33：

自然排烟口是否需要与安全出口距离 1.5m 以上？建筑外门上部处于储烟仓内的开启部分能否作为自然排烟口？

答：《建筑防烟排烟系统技术标准》GB 51251—2017 第 4.4.12 条第 5 款属于机械排烟设施的条文规定，自然排烟口不适用该条文。建筑外门上部处于储烟仓范围内的可开启部分可作为自然排烟口，并应有手动开启装置，设置有门斗的外门不能作为自然排烟设施。

问题 34：

《建筑防烟排烟系统技术标准》GB 51251—2017 第 4.3.3 条“当设置在外墙上时，自然排烟窗（口）应在储烟仓以内，但走道、室内空间净高不大于 3m 区域的自然排烟窗（口）可设置在室内净高度的 1/2 以上”。是否可以理解为走道的净高度只要不大于 6m，其自然排烟窗（口）均可设置在走道净高度的 1/2 以上？走道、室内空间净高不大于 3m 的区域，每个排烟口是否需要满足第 4.4.12 条第 6 款、第 4.6.14 条的最大允许排烟量要求？

答：走道自然排烟窗（口）设置在走道净高度的 1/2 以上便可，此时储烟仓高度按照该防烟分区净高 1/2 计算。

机械排烟系统中走道、室内空间净高不大于 3m 的区域设置的排烟口上边缘应靠顶板或吊顶设置，单个排烟口的最大允许排烟量可按风速不大于 10m/s 计算确定。

问题 35：

自然排烟窗开关抓手距地高度多少以上需设手动开启装置？

答：自然排烟窗开关抓手距地 2m 高度以上时需设手动开启装置。

问题 36：

一个防烟分区内多个机械排烟口边缘之间的距离应如何确定？

答：《建筑防烟排烟系统技术标准》GB 51251—2017 没有明确间距具体要求。多个排烟口并在一起或间距过小，等同于一个大排烟口，失去了分开的意义，有条件时建议一个防烟分区内多个机械排烟口边缘最小净距宜按下列公式确定：$S=0.9V^{1/2}$（m）。V 为单个排烟口的计算排烟量（m^3/s）。

问题 37：

高大空间上部排烟口手动执行机构（钢丝绳长度超过 6m，折弯超过 2 处）能否再采用机械传动方式进行手动控制？

答：手动控制一般是采用手动操作，通过气动、电动或机械传动等方式实现排烟口或排烟窗的开启，采用何种传动方式应根据具体工程合理选择以满足排烟系统的安全有效性。

问题 38：

《建筑防烟排烟系统技术标准》GB 51251—2017 第 5 章明确了自动排烟窗、活动挡烟垂壁在 60s 内开启完毕或到位。对于排烟阀、排烟口规定在 15s 内联动开启，这里是指开始动作还是开启完毕？若严寒地区在排烟、补风系统设置了防止冷风倒灌的电动密闭阀，其动作时间如何执行？

答：根据《建筑防烟排烟系统技术标准》GB 51251—2017 第 5.2.3 条规定，当火灾确认后，火灾自动报警系统应在 15s 内联动开启相应防烟分区的全部排烟阀、排烟口、排烟风机和补风设施。排烟阀及排烟口应为快开型设备，接收信号后在规定时间内打开至全开状态。排烟、送（补）风系统如设置防止冷风倒灌的电动密闭阀，则电动密闭阀的联动开启时间应满足上述规定。

问题 39：

电影院排烟量是按照《电影院建筑设计规范》JGJ 58—2008 第 6.1.9 条条文解释计算，还是按照《建筑防烟排烟系统技术标准》GB 51251—2017 第 4.6.3 条高大空间计算？单个观众厅面积小于 500m^2 时，是否需要设置补风系统？

答：电影院排烟量计算按照《电影院建筑设计规范》JGJ 58—2008 第 6.1.9 条有关要求执行。排烟补风系统的设置按照《建筑防烟排烟系统技术标准》GB 51251—2017 第 4.5 节有关要求执行。

问题 40：

《建筑防烟排烟系统技术标准》GB 51251—2017 第 4.6.3 条第 2 款，对于净高大于 6m 场所的排烟量计算，若该场所设置有自动跟踪定位射流系统，是按照无喷淋还是有喷淋取值？

答：建筑空间净高大于 18m 的场所的热释放速率不能按有喷淋确定。按《建筑防烟排烟系统技术标准》GB 51251—2017 第 4.6.7 条规定“设置自动喷水灭火系统（简称喷淋）的场所，其室内净高大于 8m 时，应按无喷淋场所对待”；第 4.6.7 条条文说明规定，如果房间按照高大空间场所设计的湿式灭火系统，加大了喷水强度，调整了喷头间距要求，其允许最大净高可以加大到 12～18m；因此当室内空间净高大于 8m，且采用了符合《自动喷水灭火系统设计规范》GB 50084—2017 的有效喷淋灭火措施时，该火灾热释放速率也可以按有喷淋取值。《自动喷水灭火系统设计规范》GB 50084—2017 第 5.0.2 条规定，民用建筑高大空间场所最大空间净高为 18m，厂房高大空间最大空间净高为 12m。综合艺术中心入口大厅、观众厅、主舞台、后舞台空间净高超过 18m，即使采用水炮等灭火设施，也应按无喷淋计算场所的排烟量，见表 4.2.40。

表 4.2.40　民用建筑高大空间场所采用湿式系统的设计基本参数

	适用场所	最大空间净高 h（m）	喷水强度 [$L/(min \cdot m^2)$]	作用面积（m^2）
民用建筑	中庭、体育馆、航站楼等	$8<h\leqslant12$	12	160
		$12<h\leqslant18$	15	
	影剧院、音乐厅、会展中心等	$8<h\leqslant12$	15	
		$12<h\leqslant18$	20	

问题 41：

《建筑防烟排烟系统技术标准》GB 51251—2017 第 4.5.1 条，除地上建筑的走道或建筑面积小于 500m²的房间外，设置排烟系统的场所应设置补风系统。对于地下自然排烟房间和建筑面积大于等于 500m²的地上自然排烟房间，是否需要设置补风系统？

答：除地上建筑的走道或建筑面积小于 500m²的房间外，设置自然排烟系统的场所应设置补风系统。

问题 42：

针对地下房间的机械排烟补风，是否可将补风口设置在如走廊的公共区域？排烟房间的门如果为防火门，是否也可以这样做？地上无窗且设置防火门的排烟房间是否必须设置补风口？

答：对于地下房间，房间的门如果为防火门，该房间应单独设置补风口。地上无窗且设置防火门的房间不超过 500m² 时，可不设置补风设施。

对于地下房间，当房间面积大于等于 200m² 且设置了排烟口时，房间内应设置直接补风设施。当房间面积小于 200m² 且设置了排烟口时，补风设施可采用直接补风，或通过相连的走道间接补风，当采用走道间接补风时应在走道设置直接补风设施。自然排烟系统宜采用自然通风方式补风，自然补风口的有效面积宜通过计算确定。防火门、防火窗不得用作补风设施。

问题 43：

《建筑防烟排烟系统技术标准》GB 51251—2017 第 4.5.1 条规定了设置排烟系统的场所应设补风系统的情形。对于高大空间，其面积虽小于 500m²，但排烟量很大，若不设补风，会出现负压导致排烟不畅甚至失效的问题。此种情况该如何执行？

答：按照《建筑防烟排烟系统技术标准》GB 51251—2017 第 4.5.1 条执行。

问题 44：

《建筑设计防火规范》GB 50016—2014（2018 年版）第 8.5.4 条，地下或半地下建筑（室）、地上建筑内的无窗房间，当总建筑面积大于 200m² 或一个房间建筑面积大于 50m²，且经常有人停留或可燃物较多时，应设置排烟设施。此处的“总建筑面积”是一个防火分区还是一层之内？对于住宅地下储藏室是一个单元，还是一个防火分区或整个一层？

答：此处的“总建筑面积”为一个防火分区内所有无窗房间面积之和，对于住宅地下储藏室是指互不相通的一个单元。

4.3　通风空调系统

问题 1:

《建筑防火通用规范》GB 55037—2022 第 9.3.3 条第 2 款，排除有燃烧或爆炸危险性气体、蒸气或粉尘的排风系统，排风设备不应设置在地下或半地下。请问：地下发电机房的储油间、燃油（气）锅炉房、燃油（气）发电机房是否在此范围?

答：地下柴油发电机房及其储油间、燃油（气）锅炉房平时通风可不参照此条执行。但上述区域事故通风风机不应设置在地下或半地下。

问题 2:

《建筑设计防火规范》GB 50016—2014（2018 年版）第 9.3.11 条，穿越重要或火灾危险性大的场所的房间隔墙和楼板处需设置 70℃ 防火阀。上述该类房间如何判定?

答：重要或火灾危险性大的场所为重要的会议室、贵宾休息室、多功能厅等性质重要的房间或有贵重物品、设备的房间以及易燃物品实验室或易燃物品库房等火灾危险性大的房间。当房间设置防火门及防火隔墙时，也应按照重要房间进行设计。

第 5 章　电气防火

5.1　消防供配电设施

问题 1：

消防设备机房内（含消防控制室、消防电梯机房、消防风机房、变电室、消防水泵房等）照明、检修插座、电伴热、电采暖、空调等消防保障性负荷可否从消防配电箱配出回路？当消防控制室与安防监控室合用时，安防监控主机电源能否由消防控制室配电箱中接入？

答：（1）消防设备机房内（含消防控制室、消防电梯机房、消防风机房、变电室、消防水泵房等）照明、检修插座、电伴热、电采暖、空调等消防保障性负荷可从消防配电箱配出回路。

（2）安防监控中心应采用专用回路供电（建筑面积大于 20000m^2 的公共建筑、建筑面积大于 50000m^2 的居住区、超高层建筑、治安保卫重点单位的安防监控管理室，称为安防监控中心，其余建筑的安防监控管理室称为安防监控室）。

（3）当消防控制室与安防监控室合用机房，且火灾自动报警系统与安全技术防范系统有联动时，供电电源可合用配电箱。

问题 2：

低压进线的单体建筑，消防负荷与非消防负荷进线是否能合用？当合用时是否需要设置过负荷保护？

答：（1）消防负荷和非消防负荷共用柴油发电机组时，单体建筑的消防负荷备用回路应采用专用回路供电。

（2）消防水泵、消防控制室的供电回路，应由变电所放射式供电。

（3）除消防水泵、消防控制室外，单体建筑采用市电低压电源进线时，单体建筑的消防负荷与非消防负荷进线可合用。低压电源引至单体建筑总配电室，并在总配电室内将消防负荷与非消防负荷分开且设置单独的回路，消防配电线路应满足消防用电设备容量及火灾时最少持续供电时间的要求。

（4）建筑内含有消防负荷时，应分别计算消防负荷与非消防负荷容量，如当同一回路内非消防负荷容量大于消防负荷容量时可设置过负荷保护电器（其长延时脱扣器整定值应大于 1.5～2 倍消防设备额定电流），消防负荷容量大于非消防负荷容量时，过负荷保护应作用于信号报警，不应切断电源，并送至有人值守的房间或场所。

问题 3：一用一备的消防水泵如何设置消防用电回路的保护？

答：（1）工作泵及备用泵主回路均选用只带电磁脱扣器的断路器做短路保护，（国产断路器脱扣器代号为 3200、合资及其他国外品牌断路器脱扣器代号应以实际产品样本为准），并注明瞬时脱扣器 I_{set3} 的整定值。消防水泵的过负荷保护由热继电器通过二次回路实现。

（2）消防泵的二次控制电路图可选用国家或自治区现行图集，工作泵过负荷动作于跳闸并自动投入备用泵，备用泵过负荷仅动作于信号，且报警信号送至有人值守的房间或场所。

问题 4：老年人照料设施和高层病房楼的避难间，其消防应急灯具能否由所在楼层的（A 类）应急照明配电箱或应急照明集中电源采用专用回路供电？

答：避难区域的用电设备应采用专用的供电回路是由于超高层避难层每层面积很大，里面有防排烟风机、消防水泵、喷淋泵、转输水泵等设备，故有此要求；如老年人服务设施、医院等场所的避难间比较小，没有防排烟风机等设备，此类场所避难间的应急照明灯应在本楼层应急照明箱或应急照明集中电源采用专用回路供电。

问题 5：车库内各防火分区的消防风机的电源可否由变配电室低压出线柜引出电缆，采取树干式配电方式？

答：可采用树干式配电方式。需满足下列要求：

（1）当采用树干式配电时，保护电器应装设在回路首端和回路导体载流量减小的地方；当不能设置在回路导体载流量减小的地方时，应采用下列措施。

① 保护电器至回路导体载流量减小处的这一段线路长度，不应超过 3m。

② 应采取将该段线路的短路危险减至最小的措施。

③ 该段线路采取了防止机械损伤等保护措施，且不应靠近可燃物。

④ 保护电器与回路导体载流量减小处之间的这一段线路不应引出分支线路或插座回路。

（2）耐火电缆应满足消防用电设备容量及火灾时最少持续供电时间的要求，耐火电缆连接附件应设置在专用的机房内，如消防风机房或配电间，且电缆连接附件的耐火性能不应低于电缆本体的耐火性能。

问题 6：

规范规定，消防配电回路不得设置动作于跳闸的过载保护。向应急照明集中电源等容量较小且不会过载的消防设备供电的配电回路能否采用普通微型断路器保护？

答：(1) 向火灾自动报警系统主机及区域报警控制器等供电的配电回路只能设置短路保护，应采用只带电磁脱扣器的断路器。

(2) 向防火门控制箱、电气火灾监控系统主机、消防电源监控系统主机、挡烟垂壁控制箱、自动排烟窗控制箱、防火卷帘控制箱、应急照明控制器、应急照明配电箱、应急照明集中电源供电的配电回路可采用带热磁脱扣的断路器保护。

问题 7：

柴油发电机房是否按照爆炸危险环境设计，其排风系统是否应设置导出静电的接地装置？哪些设备需要做防静电接地？

答：(1) 图纸中应对柴油发电机使用的柴油闪点做出明确要求。闪点不低于60℃时，柴油发电机房火灾危险性可视为丙类。柴油发电机房则不属于爆炸危险环境，排风系统不必设置导除静电的接地装置。

(2) 根据《民用建筑电气设计标准》GB 51348—2019 第 6.1.12 条，燃油系统的设备与管道应采取防静电接地措施。

问题 8：

地库潜水泵是否属于消防设备，如按消防负荷供电，是否要设置漏电保护。

答：应由给排水专业提资确定是否为消防负荷，设有喷淋、消火栓灭火系统的地库、地下室的潜水泵应按消防负荷供电。满足接地故障防护要求时，潜污泵可不设置剩余电流动作保护器。

问题 9：

单体建筑内消防负荷仅含有消防应急照明时，可否单回路供电？可否利用集中电源或灯具自带蓄电池在其装置内部实现转换后为应急照明灯具供电，不设置双电源转换开关？非集中控制应急照明系统，应如何供电？

答：仅含有消防应急照明时，可单回路供电，利用装置内蓄电池作为第二电源为灯具供电，蓄电池电源供电时的持续工作时间应满足国家现行有关标准的规定。当建筑物内含有其他消防用电设备时，应按《建筑防火通用规范》GB

55037—2022第10.1.6条要求设置自动切换装置。非集中控制应急照明系统可由非消防电源供电。

问题10：

厨房事故风机、变配电室事故风机是否为消防设备？如何供电？

答：厨房事故风机不作为消防设备，不应采用消防电源供电，其供电电源应满足负荷等级要求。变配电室内事故后风机不作为消防设备，可作为消防保障性设备，由变配电室内的消防配电箱供电。

问题11：

消防配电支线可否沿电气竖井垂直敷设为不同楼层（防火分区）的消防设备供电？

答：电气竖井属于独立的防火分隔，具有较好的防火性能，部分楼层（防火分区）含有少量消防用电设备（电动挡烟垂壁、防火卷帘、电动排烟窗、消防潜污泵、消防应急照明和疏散指示标志）且用电量较小时，可共用一组竖井内消防双切箱。

问题12：

消防排水泵、电动挡烟垂壁、电动排烟窗等控制箱是否需安装在机房或配电小间内与火灾现场隔离？防火卷帘、挡烟垂壁控制箱等可否安装在吊顶内？

答：防火卷帘在火灾初期就完成隔离火源的任务，与此类似的如电动挡烟垂壁、电动排烟窗的控制箱均可在现场安装。至于地下室集水坑排水泵，非火灾时排故障溢水或雨水，火灾时排消防用水，以避免消防水流入变电所、各机房造成二次灾害。非直接参与灭火的设施，其控制箱可安装于现场。

防火卷帘控制器按其构成方式可分为分体式防火卷帘控制器（手动控制装置设在防火卷帘控制器主机外部）和单体式防火卷帘控制器（手动控制装置设在防火卷帘控制器主机内部）。采用分体式防火卷帘控制器时，可安装在卷门机附近以便维修；采用单体式防火卷帘控制器时，其底边距地面高度宜为1.3～1.5m。控制箱上指示灯应在距其3m远处清晰可见，不应安装于吊顶内。

问题13：

由室外预装式变电站或单独建造的变配电室引出的用于单体建筑消防设施的供电干线，室外埋地敷设至各单体电气小间，是否仍应采用耐火类线缆？

答：由室外预装式变电站或单独建造的变配电室引出埋地敷设的消防供电电缆，可不采用耐火类线缆。单体建筑总配电室（电气小间）宜靠建筑外墙布置，当总进线无法直接进出总配电室（电气小间），需在建筑内敷设一段距离才可引入总配电室（电气小间）时，线缆应采取防火保护措施，其耐火性能应满足消防设备在火灾发生期间最少持续供电时间的要求。

问题 14：

幼儿园或宿舍建筑，室外用水量不超 25L/s，消防负荷等级为三级负荷，若走道照明用电负荷为二级，是否需要将消防负荷也相应提高为二级？《民用建筑电气设计标准》GB 51348—2019 附录 A 注 2 如何理解？

答：(1) 否。具备高级别负荷供电条件时，消防用电负荷可与建筑物的最高用电负荷级别相同。

(2)《民用建筑电气设计标准》GB 51348—2019 附录 A 注 2 为 1～25 序号的各类建筑物用电负荷等级，与 26、27 序号一、二类高层建筑物内同类型用电负荷等级进行比较，同类型负荷等级按其高者确定。

问题 15：

可燃材料仓库配电箱和开关应设置在仓库外，可燃材料仓库内设有电动排烟窗、排烟风机、消防应急照明等，其控制箱是否应设置在仓库外？可否不设置直接对外的电井？

答：配电箱及开关应设置在可燃材料仓库外面或电气专用房间（电井）内，电气专用房间（电井）可不设置直接对外的门。

问题 16：

既有建筑改造时，消防负荷供电等级提高，申请市政备用电源困难时如何处理？既有建筑改造，消防配电、消防线缆该如何处理？

答：既有建筑改造，消防电源及配电、消防线缆选择及敷设应按现行国家工程建设消防技术标准执行，具体处理方法参照乌鲁木齐市建设局 2023 年 5 月 8 日发布“关于发布《乌鲁木齐市既有建筑改造消防设计审查工作指南》的通知”乌建发〔2023〕93 号文件及附件。

5.2 火灾自动报警系统

问题 1：

建筑内设有火灾自动报警系统时，是否需设置防火门监控系统、消防电源监控系统及电气火灾监控系统？

答：设置集中报警系统或控制中心报警系统的建筑应设置消防电源监控系统、防火门监控系统、电气火灾监控系统；当建筑物设置区域报警系统或不设置火灾自动报警系统时，电气火灾监控系统应按《建筑设计防火规范》GB 50016—2014（2018 年版）第 10.2.7 条第 14 款，《民用建筑电气设计标准》GB 51348—2019 第 13.2.2 条等规定设置，尚应符合国家现行有关标准的规定。

问题 2：

电梯五方通话系统能否代替电梯轿厢内部设置的专用消防电话？

答：电梯轿厢内部设置的专用消防对讲电话不能由电梯五方通话系统代替，应分别设计电梯轿厢内部设置的专用消防对讲电话和电梯五方通话系统。当建筑物内的消防电话为多线制调度主机时，也可用消防电话替代电梯多方通话系统。

问题 3：

建筑物内无火灾自动报警系统时，仅有少量需与火灾自动报警系统联动控制的消防设备（如防火卷帘、常开防火门、电动挡烟垂壁、电动排烟窗、排烟风机等），是否可以仅在其设备附近设置火灾探测器而不设置火灾自动报警系统？

答：（1）除特殊建设工程（住房和城乡建设部令第 58 号，第十四条规定）之外，建筑内仅设有防火卷帘、电动挡烟垂壁、电动排烟窗时，可在其装置附近设置火灾探测器，发生火灾时，探测器发出报警信号，由装置自带控制器控制防火卷帘、挡烟垂壁降落、电动窗开启。

（2）常开防火门、排烟风机、自动排烟窗应设置火灾自动报警系统，其设置部位可仅在其系统管控的防火分区内设置。

问题 4：

低压配电系统、消防设施配电箱系统图中消防设施电源监控系统传感器设置部位是按《民用建筑电气防火设计规程》XJJ 068—2014，还是按《民用建筑电气设计标准》GB 51348—2019 执行？

答：消防设备供电负荷等级为一级及以上时，消防设施电源监控系统传感器设置部位应按《民用建筑电气防火设计规程》XJJ 068—2014 执行，其他建筑物消防设施电源监控系统传感器设置不低于《民用建筑电气设计标准》GB 51348—2019 相关规定要求。

问题 5：

单体建筑内只设有消火栓系统，无火灾自动报警系统，给排水专业已设置多种启泵措施，是否必须设置消火栓按钮启泵线至消防泵房内水泵控制柜？

答：园区内设有消防控制室或消防值班室时，消火栓箱旁应设置消火栓按钮，消火栓按钮的动作信号应作为报警信号传递至消防控制室或消防值班室，无需再设置启泵线；园区内未设消防控制室或消防值班室时，可不设消火栓按钮，可由消防水泵出水干管上设置的压力开关、高位消防水箱出水管上的流量开关，或报警阀压力开关等开关信号直接自动启动消防水泵。

问题6：

排烟防火阀在280℃时应自行关闭，并应采取连锁关闭排烟风机和补风机的措施，是通过联动总线控制，还是硬接线连锁关闭？系统中任一排烟阀或排烟口开启时，排烟风机、补风机自动启动，通过联动总线控制，还是硬接线连锁启动？是否全部的排烟防火阀任一熔断时均要连锁关闭风机？

答：防排烟系统风机的启动方式执行《火灾自动报警系统设计规范》GB 50116—2013第4.5.1条和第4.5.2条，无需专用线路连锁开启。排烟风机入口处的总管上设置的排烟防火阀在280℃时自行关闭，应通过专用线路连锁关闭排烟风机和补风机，其他排烟防火阀在280℃时自行关闭，可通过火灾自动报警系统联动总线控制完成。具体可参见应急管理部四川消防研究所《建筑防烟排烟系统技术标准》编制组2018年11月7日关于中国航空规划设计研究总院有限公司咨询《建筑防烟排烟系统技术标准》的复函。

问题7：

《民用建筑电气设计标准》GB 51348—2019第13.7.7条，民用建筑内的消防水泵不宜设置自动巡检装置。（1）在具体执行过程中民用建筑是否明确为不设，工业建筑是否设置？工业厂区内有民用建筑需要对接泵房，该如何执行？（2）GB 51348—2019第13.7.7条与《民用建筑电气防火设计规程》XJJ 068—2014第9.3.1条冲突，部分专家认为《民用建筑电气防火设计规程》XJJ 068—2014未废止，应按照地方标准执行，与地方标准冲突时该如何执行？

答：（1）《民用建筑电气设计标准》GB 51348—2019第13.7.7条文说明：消防水泵变频低速巡检装置不能带来安全，反而增加隐患。其工作原理是平时变频低速巡检，火灾时，消防水泵控制箱接到启动信号，并在起泵前的0.1s将巡检装置的输出端与消防水泵的主回路断开，否则消防水泵将不能启动。巡检装置是电子设备，寿命有限，如故障不能使其安全地从消防水泵的主回路分离，消防水泵将不能启动，后果不堪设想。《民用建筑电气设计标准》GB 51348—2019的适用范围为民用建筑，民用建筑中是否必须设置自动巡检装置应结合给排水专业的具体要求，无特殊要求的应按《民用建筑电气设计标准》GB 51348—2019要求执行，装置的具体要求应按《消防给水及消火栓系统技术规范》GB 50974—2014 第 11.0.14 条执行。

（2）《民用建筑电气设计标准》GB 51348—2019 与《民用建筑电气防火设计规程》XJJ 068—2014 有冲突的条文应按《民用建筑电气设计标准》GB 51348—2019 执行。

问题 8：

《建筑防火通用规范》GB 55037—2022 第 8.3.1 条所列工业建筑或场所应设置火灾自动报警系统，那么《建筑设计防火规范》GB 50016—2014（2018 年版）第 8.4.1 条是否还要执行？部分专家认为《建筑防火通用规范》GB 55037—2022 只是废止《建筑设计防火规范》GB 50016—2014（2018 年版）第 8.4.1 条的强制性，但还是要作为一般性条文执行。

答：因现阶段国家规范标准体系改革处于过渡阶段，现阶段按照以下原则执行，在全文强制性工程建设规范（以下简称强规）中废止的工程建设标准相关强制性条文仅废止其强制性属性，降为一般性条文，现行工程建设标准中有关规定与强规不一致时，以强规规定为准；强规未有代替的现行工程建设标准条文时，应按现行工程建设标准条文执行，与强制性工程建设规范配套的推荐性工程建设标准是经过实践检验的、保障达到强制性规范要求的成熟技术措施，一般情况下应当执行。在满足强制性工程建设规范规定的项目功能、性能要求和关键技术措施的前提下，可合理选用相关团体标准、企业标准，使项目功能、性能更加优化或达到更高水平。推荐性工程建设标准、团体标准、企业标准要与强制性工程建设规范协调配套，各项技术要求不得低于强制性工程建设规范的相关技术水平。

问题 9：

园区内无消防控制室，室外单独建设的配电室，给排水专业在其室内设置气体灭火系统，气体灭火系统信号引至何处？过负荷信号引至何处？柴油发电机是否执行《建筑电气与智能化通用规范》GB 55024—2022 第 4.1.5 条第 2 款，设置切除非消防负荷的功能？

答：园区内无消防控制室时，气体灭火系统的有关信息（火灾信息、灭火动作、手动与自动转换和系统设备故障信息等）、过负荷报警信号、消防水泵的巡检及控制信号、消防水池高低水位报警信号（消防水池当非市政自动补水时，应满足相关控制和管理要求）应反馈至有人值班房间或场所。

柴油发电机组应具备火灾时切除非消防负荷的功能，但未对切除的时间作出具体规定，实际工程中应根据火灾现场的情况及相关消防规范确定切除时间。对于特级非消防用电负荷，火灾时在确保消防负荷用电的前提下允许延迟切断电源。

问题 10：

既有建筑改造时，原建筑无火灾自动报警系统或原火灾自动报警系统不满足现行国家工程建设消防技术标准时，该如何处理？

答：既有建筑改造时，火灾自动报警系统、消防设施联动控制系统、电气火灾监控系统及消防电源监控系统、防火门监控系统、可燃气体报警系统、余压监控系统均应按现行国家工程建设消防技术标准执行，具体处理方法参照乌鲁木齐市建设局2023年5月8日发布“关于发布《乌鲁木齐市既有建筑改造消防设计审查工作指南》的通知”乌建发〔2023〕93号文件及附件。

5.3 消防应急照明及疏散指示系统

问题 1：

平战两用的人防工程，若平时和战时的疏散方案不同，应急照明及疏散指示系统如何设计？

答：根据《人民防空地下室设计规范》GB 50038—2005（2023年版）第7.5.5条条文说明，平时的消防应急照明不能满足战时人防工程内各功能场所照明照度需要，仅是战时照明的补充。平时消防疏散指示灯具战时不作疏散指示使用，仅作为一种光源。

问题 2：

园区内有消防控制室，本单体建筑未设置火灾自动报警系统，消防应急照明和疏散指示系统可否按非集中控制型系统设计？

答：可按非集中控制型系统设计，宜采用集中控制型系统，发生火灾时方便消防控制室人员一键点亮消防应急照明。

问题 3：

建筑的地下或半地下部分与地上部分共用楼梯间时，在地下楼梯通向地面层疏散门的上方是否应设置出口标志灯？地下和地上楼梯间的应急照明回路是否应按两部楼梯采用独立回路分别供电？“防误入地下室标志”应如何设置？

答：（1）按《消防应急照明和疏散指示系统技术标准》GB 51309—2018第3.2.8条第2款要求，地下或半地下建筑（室）与地上建筑共用楼梯间时，在地下或半地下楼梯通向地面层疏散门的上方应设置出口标志灯。

（2）地下室楼梯与地上楼梯的应急照明应按两部楼梯采用独立回路分别

供电。

（3）除在地下或半地下楼梯通向地面层疏散门的上方应设置出口标志灯外，尚应按国标图集《建筑设计防火规范》18J811—1 第 6～19 页图示四设置方向标志灯，以起到防误入地下室的警示作用。消防应急照明采用集中控制型时，地面层通往地下室楼梯的疏散门上方应设禁止入内灯，平时熄灭，火灾时点亮，禁止人员进入。

问题 4：

《民用建筑电气设计标准》GB 51348—2019 与《消防应急照明和疏散指示系统技术标准》GB 51309—2018 两本标准对消防应急照明灯具嵌入安装方式要求不一致如何执行？

答：按照《消防应急照明和疏散指示系统技术标准》GB 51309—2018 第 4.5.3 条执行，"灯具在顶棚、疏散走道或通道的上方安装时，照明灯具可采用嵌顶、吸顶和吊装式安装"。当采用嵌顶安装时，灯具应采用广照型，灯具灯罩外壳应凸出吊顶。

问题 5：

某些建筑物或场所，建筑专业施工图中未标示出疏散通道时，请问如何布置疏散标志灯具？

答：应与建筑专业配合，确定疏散通道的位置及路径，按照最短路径原则，相应进行消防应急照明和疏散指示系统的设计。后期根据经营或使用功能等需求调整内部布局时，应由管理使用单位委托有相应设计资质的单位重新进行安全疏散的设计，并重新报审。

问题 6：

根据《消防应急照明和疏散指示系统技术标准》GB 51309—2018 第 3.2.1 条 6 款中，按照室内高度确定标志灯的规格。是否可按灯具的安装高度确定选用标志灯规格？

答：灯具安装高度为距地面 1m 以下时，以灯具安装高度确定标志灯规格，其余高度标志灯应以室内高度确定标志灯规格。

问题 7：

地面上增设能保持视觉连续的疏散指示标志时，是否可以使用蓄光标志？

答：（1）如果建筑内在墙面上已有一套完整且符合规范要求的灯光型疏散指示系统，地面上设置的保持视觉连续的疏散指示标志仅作为辅助用途，则可以用蓄光型地面疏散指示标志。

（2）如果建筑内仅有地面上设置的保持视觉连续的疏散指示标志系统，则应采用灯光型地面疏散指示标志，不允许采用蓄光型地面疏散指示标志替代。

（3）蓄光型疏散标志应设置在正常照度不低于 50Lx 的环境下，以满足蓄光所需。

问题 8：

《消防应急照明和疏散指示系统技术标准》GB 51309—2018 第 4.5.5 条，自带电源型灯具的非集中控制型系统，允许用插头与插座连接，是否与第 3.3.2 条有矛盾？

答：否。《消防应急照明和疏散指示系统技术标准》GB 51309—2018 第 4.5.5 条中采用插座为专用插座，灯具插头与插座之间需采用专用工具方可拆卸的连接方式连接。目前市场上如无专用插座产品，灯具应直接接入电源，严禁通过普通插座接入电源。

问题 9：

非集中控制型系统的控制设计按《消防应急照明和疏散指示系统技术标准》GB 51309—2018 第 3.7.3 条，火灾确认后，应能手动控制系统的应急启动。集中电源或应急照明配电箱设置在电井或配电间的情况下，仅利用箱体手动控制按钮启动是否可行？需在人员操作方便处增加按钮吗？

答：可利用应急照明集中电源或应急照明配电箱产品自带的应急启动控制按钮。应急照明系统集中电源或应急照明配电箱一般设置在设备房或电井内，不便于消防人员及时控制系统启动，应在首层出入口处明显且便于操作的部位增加应急照明和疏散指示系统手动应急启动按钮盒。

问题 10：

根据《建筑防火通用规范》GB 55037—2022 第 10.1.8 条对厂房疏散指示标志的设置，明确规定了厂房的类型，但第 10.1.9 条中疏散照明设置部位未对厂房分类，条文间是否矛盾？多层住宅的公共区域是否必须设置疏散照明？公共建筑是否不分大小均设疏散照明与疏散指示标志？

答：《建筑防火通用规范》GB 55037—2022 第 10.1.9 条为疏散照明灯具设置部位，第 10.1.8 条为需设置灯光疏散指示标志的建筑，其具体灯光疏散指示标志的性能要求和具体设置要求，可以按照国家现行相关技术标准的规定确定：

（1）多层住宅的公共区域应设置疏散照明灯具，可不设置疏散指示标志。

（2）小规模公共建筑未设有疏散走道及楼梯间时，疏散照明与疏散指示标志设置可按《消防应急照明和疏散指示系统技术标准》GB 51309—2018 第 3.2.5 条、第 3.2.8 条第 11 款、《建筑防火通用规范》GB 55037—2022 第 10.1.9 条第 2、3、4 款相关规定中的建筑面积大小类比，不大于上述规定建筑面积时可不设置疏散照明及疏散指示标志，公共建筑内设有公共疏散走道时应设置疏散照明及疏散指示标志。

问题 11：

交叉通道及转角处已在正对疏散走道的中心的垂直视觉范围内吊装了疏散指示标志，是否还需在转角 1m 内设置疏散指示标志？

答：不需要，已在交叉通道及转角处正对疏散走道的中心的垂直视觉范围内安装疏散标志时，可不在转角 1m 内设置疏散指示标志。未在上述位置设置时，则需在转角处距角边不应大于 1m 处设置疏散指示标志。

问题 12：

既有建筑改造，消防应急照明和疏散指示系统不满足现行规范时，该如何处理？

答：既有建筑改造时，应根据改造的情形，首先判定是局部改造还是整体改造，根据改造的范围和原有系统的形式综合判定改造方案，具体处理方法可以参照乌鲁木齐市建设局 2023 年 5 月 8 日《关于发布〈乌鲁木齐市既有建筑改造消防设计审查工作指南〉的通知》（乌建发〔2023〕93 号）文件执行。